时尚箱包设计与▶制作流程

Fashion Bags Design
and
Production Process

李春晓 ▮ 著

化学工业出版社
·北京·

《时尚箱包设计与制作流程》以研究箱包设计管理为核心，以时尚文化趋势为元素，以原创理念为驱动，以工艺技术为支撑，结合作者20年的教学经验和箱包创意设计实践经验，注重理论研究与创新实践的结合，内容新颖，图文并茂，可操作性强。本书结构体例从箱包设计管理和原创产品设计开发的角度构建，形成一套相对科学完整的设计操作流程。全书内容覆盖箱包创意设计和制作的核心知识点，从产品和品牌文化入手，根据企业的设计企划流程与艺术设计创意方法进行讲解，同时结合案例阐述箱包面辅料设计，最后重点介绍箱包制作工艺以及典型箱包款式的制版和制作流程。

本书充分考虑读者的兼容性，适用于服装与服饰品设计专业、工业造型专业、时尚品设计专业等相关设计专业学生和企业的箱包设计从业人员。全书以原创设计为基点，以知识间的逻辑关系为依据，循序渐进地进行阐述，结合企业项目实际运行流程来讲述内容，注重对箱包设计人员在时尚创意方面的设计开发能力的培养和各流程环节内容的可操作性。

图书在版编目（CIP）数据

时尚箱包设计与制作流程/李春晓著．—北京：化学
工业出版社，2017.11（2024.2重印）
  ISBN 978-7-122-30638-8

  Ⅰ.①时…　Ⅱ.①李…　Ⅲ.①箱包–设计②箱包–
生产工艺　Ⅳ.①TS563.4

  中国版本图书馆CIP数据核字（2017）第226249号

责任编辑：李彦芳　　　　　　　　　　　　　　装帧设计：史利平
责任校对：王素芹

出版发行：化学工业出版社（北京市东城区青年湖南街13号　邮政编码100011）
印　　装：涿州市般润文化传播有限公司
889mm×1194mm　1/16　印张10¼　字数260千字　2024年2月北京第1版第9次印刷

购书咨询：010-64518888　　　　　　　售后服务：010-64518899
网　　址：http://www.cip.com.cn

定　　价：68.00元

前言
Preface

　　中国箱包行业经过30余年的发展，已形成庞大的行业系统和经济体量。互联网时代背景下，科学技术、文化艺术、产业基础、社会形态、规划管理、生产方式以及商业模式发生了前所未有的深刻变革，从而促使箱包行业迅速转型升级，当下正是中国箱包品牌名牌战略和高端产业形成的关键阶段。

　　从设计教育角度来看，2013年国家教委发布新的专业目录中"服装设计专业"修订为"服装与服饰品设计专业"；在服饰品模块中箱包品类是核心大类，但是目前的相关图书和著作总量偏少，且侧重于箱包的技术工艺方面，在箱包设计思维和设计管理方面较为薄弱。

　　笔者在上海市教育委员会科研创新项目《中国皮具产品创意设计开发方法与模式研究》的基础上，以研究箱包设计管理为核心，以时尚文化趋势为元素，以原创理念为驱动，以工艺技术为支撑，以国内外箱包市场需求为导向开展设计实践。将理论视角从"工业产品"调整为"时尚产品"，重点从设计管理和原创产品设计开发的角度进行研究，通过与企业"产学研用"的合作方式，总结提炼箱包产品开发和品牌文化构建过程中的有效经验，撰写出一套相对科学完整的设计操作流程，从而为箱包创意设计教育的提升和中国箱包自主品牌的发展尽绵薄之力。

　　本书内容准确地覆盖箱包生产流程涉及的核心知识点，内容组织上考虑读者的兼容性，在理论逻辑基础上具有市场实用功能，充分结合国际流行趋势及企业设计人员需求进行内容规划。本书编写注重对箱包设计人员在时尚创意方面设计开发能力的培养，以原创设计为基点，以知识间的逻辑关系来循序渐进地进行阐述，结合企业项目实际运行流程来布局章节，以确保各环节内容的可操作性。

　　本书为上海市教委重点课程项目（S201712001）研究内容，同时感谢上海工程技术大学中法埃菲时装设计师学院的支持，感谢广东尚品服饰实业有限公司（红蜻蜓集团）箱包部门的全力指导。其中大部分箱包设计案例为上海工程技术大学和中国美术学院师生服务企业的实际案例与设计作品，特此感谢！

著者

2017.6

　　说明：封面箱包设计效果图稿作者为金一柯，章节页眉箱包手稿作者为郑颖。

目录
Contents

第一章

箱包产品与品牌

本章从品牌文化入手，结合国际箱包品牌和服装品牌案例来分析解读箱包产品与品牌的关系，诠释分析品牌元素和品牌文化的传达方式。

第一节 ▶ 箱包产品与品牌元素

一、箱包品牌与产品特征

箱包是人们用来盛放和携带物品的一种实用物品，历史悠久且品类繁多。箱包可分为箱品类和包袋品类。旅行箱、公文箱、衣物箱等属于箱品类，购物包、手提袋、背包等属于包袋品类。在箱包的发展过程中，皮革材料因其优异的适用性能成为箱包的主要材料，所以箱包产品中有较大部分为皮具产品，人们也常常将箱包产品等同于皮具。但是，随着科技的发展和人们生活方式的变化，箱包的材料也变得更加多样化和高科技化，传统的皮革行业和皮具产品的分类方式已经明显不符合实际情况，箱包设计的核心从材料应用和功能设计转向创意和品牌文化。

美国哈佛大学教授海斯在30多年前就曾预言："现在企业靠价格竞争，明天靠质量竞争，未来靠设计竞争。"中国箱包行业也已经全面从"产品加工厂"向"塑造自主品牌"转化，必须以设计创新推动箱包行业结构调整和转型升级为目标，设计创新不仅仅是企业和品牌拥有竞争力的手段，而且能给企业带来品牌价值提升、成长加快、收益增长。

在现代社会中，箱包产品不再简单定义为功能性的实用单品，而是成为与时尚流行息息相关的时尚品牌产品，其设计定位和逻辑也发生了根本性的变化。更重要的是，在箱包产品发展过程中，箱包品牌形成了特有的文化，而这些品牌文化又反过来界定了产品的定位和设计开发。设计者只有从品牌的角度对箱包产品进行设计研究和实践，深入理解品牌与产品的内在关系，才能从根本上掌握现代箱包的设计方法和流程。

1.箱包产品与品牌

众所周知，箱包产品品牌化和国际化趋势明显，并出现了许多国际知名名牌。国际上公认的箱包奢侈品牌有路易威登（LOUIS VITTON）、新秀丽（Samsonite）、葆蝶家（BOTTEGA VENETA）、古驰（GUCCI）、珑骧（Longchamp）等（图1-1-1），这些品牌使用高档材料和高级工艺技术，像创作艺术品一样来制作箱包。这些奢侈品牌一方面有着悠久的历史和极高的地位，另一方面也面临着客户群体老化的问题。"如何开发设计好的产品来维护和吸引未来的年轻群体"，是这些品牌近年来努力创新的方向。

图1-1-1　配饰品牌与箱包产品

　　箱包产品中的包袋类别同时也是服装的配饰产品，它与服装差不多同时产生且一直共存。众多服装奢侈品牌在衍生其服饰品类时塑造了一流的箱包产品，甚至部分品牌的箱包产品销售贡献直追其服装主业。服装奢侈品牌中比较典型的有香奈尔（CHANEL）、迪奥（Dior）、巴宝莉（BURERRY）、芬迪（FENDI）、华伦天奴（VALENTINO）等，而部分服饰品牌也拥有知名度较高的箱包产品，如菲格拉慕（Salvatore Ferragamo）、巴利（BALLY）等，如图1-1-2所示。这些品牌的箱包产品设计定位沿袭其服装定位，并天然拥有较固定的消费群体。

图1-1-2　服装品牌与箱包产品

2.知名箱包品牌及其产品特征

■路易威登（LOUIS VITTON）：路易威登是法国第一包袋品牌，崇尚精致、品质、舒适的"旅行哲学"，该品牌以设计制造创新而优雅的旅行硬箱、手袋及配饰产品，造就了以旅行为核心精神的传奇。

■葆蝶家（BOTTEGA VENETA）：源自意大利出类拔萃的手工艺传统的葆蝶家强调低调的高贵，它以精湛手工和优雅款式驰名，采用最优质的皮革配合完美的独家皮革手工梭织技术，为旗下皮革精品赢得品质超卓的赞誉。时尚界有这样一个说法广为流传："当你不知道用什么来表达自己的时髦态度时，可以选择LV；但当你不再需要用什么来表达自己的时髦态度时，可以选择BV。"

■珑骧（LONGCHAMP）：珑骧是享誉世界的知名包袋之一，于1948年创建于法国，它以创新的手法制造每件优质产品。它的"饺子包"在中国较为流行，以传统中见时尚、永恒中见创意、粗豪中见细致的手工艺驰名。

■新秀丽（SAMSONITE）：新秀丽作为旅行用品领域的行家，擅长以高科技人工技术及先进原料来研发行李箱产品，并重新定义耐用性、多功能性、合乎人体工学的设计及安全标准。

■罗意威（LOEWE）：西班牙首屈一指的品牌，跨越了两个世纪，是著名的皮革用品及时装饰物，手工细致精巧，具有浓厚浪漫的古雅情调的地中海文化色彩是其包袋产品特点。

■蔻驰（COACH）：定位为让中产阶级都可以买得起的奢侈品而风靡中国，以简洁、耐用的风格特色赢得消费者的喜爱。纵观蔻驰近十年来的发展，可以看出它的核心竞争力有三点：价格定位、时尚设计和销售渠道优势。

■巴利（BALLY）：来自奉行精工细作的瑞士品牌巴利始终追求全心全意去实现一种"整体造型"的设计概念，无论是时装、鞋类还是手袋，它们都具有相近的设计色彩，相同的皮革制造，缝制方式相同，甚至边标识的手法都相同，是独树一帜的品牌。

■爱马仕（HERMÈS）：法国爱马仕是世界著名的奢侈品牌，一直以精美的手工和贵族式的设计风格立足于经典服饰品牌的巅峰。它奢侈、保守、尊贵，整个品牌的每个细节，都弥漫着浓郁的以马文化为中心的深厚底蕴。要订制一个爱马仕的"凯利包"，需要等上几年时间，因为它的每一块皮革，都要经过繁复的步骤处理，每一个皮包都由专门的工匠负责并打上印记。

■迈克·高仕（MICHAEL KORS）：1981年创立的美国品牌，经典奢华又不失魅力，休闲是品牌永恒的主题。一直以来以简约明朗的设计风格而著称，设计师将美式的实用设计风格与欧洲的经典款式融合，打造出优雅随性、时髦华丽的独特魅力。

■芙拉（FURLA）：FURLA的独特个性表现在其丰富的颜色和款式上。它没有夸张的商标，凭简洁的线条和巧妙的色彩来表现女士年轻活泼、俏丽自信的特征。FURLA利用原材料及色彩对比释放创作灵感意识形态的魅力，最新的设计方向反映出典雅、世故及活跃的一面。

■香奈尔（CHANEL）：认为流行稍纵即逝，风格永存的香奈尔在1955年设计了一款划时代的包包，它就是长肩带的CHANEL 2.55，堪称世界上最能激发女人强烈欲望的包包，它拥有方扣、双链条包背带、附拉链的内袋、内置的隔层、双C交叠的标志等"香奈尔精神象征"。

■迪奥（Dior）：华丽与高雅的法国品牌迪奥在20世纪90年代初推出的Lady Dior（黛妃包），包面上独特的衍缝菱形格纹，优质的小羊羔皮，和95道精细的工序体现了其非凡品位、明显的时尚标志、最好的制作材料以及手工技术。

■巴宝莉（BURBERRY）：作为历史悠久的英国皇室御用品牌，巴宝莉强调英国传统而高贵的设计，它的招牌格子图案散发出成熟理性的自然韵味，象征了英国的民族和文化。格子元素成为巴宝莉包袋物料设计的主要构思来源，不仅是图案上运用的淋漓尽致，而且在加工工艺及文化结合创新上不断推陈出新。

■普拉达（PRADA）：1913年创立的意大利品牌普拉达一直受到皇室和上流社会的追捧。该品牌使用空军降落伞尼龙材料设计的"黑色尼龙包"驰名天下，材料耐热、质轻、耐用、厚实、挺括、有韧度。普拉达旗下的缪缪（MIU MIU）品牌是创建于1993年，它在稳妥斯文的意式风格中展现出可爱一面，实现了大女人返回小女孩的梦想。

■古驰（GUCCI）：古驰为意大利品牌，以"身份与财富之象征"的品牌形象成为上流社会的消费宠儿，一向被商界人士垂青。1947年，GUCCI竹制手把的竹节包问世，接着带有创办人名字缩写的经典双G标志、衬以红绿饰带的帆布包和相关皮件商品也陆续问世，GUCCI成为与LV并列顶级奢侈品。

■芬迪（FENDI）：芬迪是意大利著名的奢侈品牌，专门生产高品质毛皮制品，包括手袋、服装、鞋靴和香水。这个皮革世家最出名的是"FENDI BAGUETTE"（长面包棍手袋）。FENDI88周年推出的全新MINIPEEKABOO系列成为该品牌新的形象，时尚先驱者亲切地称它为"小怪兽包"。

■瑟琳（CELINE）：充满当代风格的CELINE是最能展现职业女性风采的法国奢侈品牌。该品牌风格浓烈、洒脱独立，采用舒适材料精工细作，精湛高质的技艺，让女性时刻挥洒自如、彰显温柔魅力。

■菲拉格慕（Ferragamo）：菲拉格慕是意大利的女鞋王国，1927年诞生，业界称为"明星御用皮鞋匠"。该品牌异常关注质量和细节，风格华贵典雅，实用性和款式并重，以传统手工设计和款式新颖誉满全球，其蝴蝶结成为极具识别力的品牌元素。

■珂洛艾伊（Chloè）：20世纪50年代生活化的成衣品牌向贵族式的巴黎高级女装传统挑战代表品牌，Chloè品牌创造出了造型独特、时尚前卫、酷味十足的包袋产品，在配饰业内极具品牌识别力和认知度。

■华伦天奴（VALENTINO）：创建于1960年的意大利品牌，代表的是一种宫廷式的奢华，高调之中隐藏深邃的冷静。华伦天奴意味着奢华品质、精良剪裁、细节及饰品的美轮美奂，以及"前所未有的女性化、充满人性的细致"，从整体到对每一个小细节都做得尽善尽美，从20世纪60年代以来一直都是意大利的国宝级品牌。

■莫斯奇诺（MOSCHINO）：是以设计师名字命名的已创立20年的米兰年轻品牌，以设计怪异著称。设计风格以高贵迷人、时尚幽默、俏皮为主线。其设计总是充满了戏谑的游戏感以及对时尚的幽默讽刺。

二、品牌元素与产品

产品识别系统就是通过独特个性的产品设计，向消费者传达并使之逐渐接受品牌理念与价值观的一系列方法与方案所构成的系统。该系统中的可进行视觉传达的部分可以简单地理解为箱包产品携带的"品牌元素"；它贯穿于主线产品，同时也被不断地进行延续开发，以此确保各种形式产品之间的协调性来共同彰显品牌个性，如图1-1-3所示。

图1-1-3　品牌元素及应用

箱包产品携带的"品牌元素"通常分为如下几种。

1.品牌标识

品牌的标准徽标、标准字体、标准色彩可以称为品牌的原型要素。产品设计在使用这些元素时应当严格遵循不可随意改变的原则，其中标准徽标、标准字体是消费者识别品牌的主要依据，两者常常进行组合使用，是箱包产品开发中最基本的品牌识别内容。

品牌的标准字体通常使用在箱包的配件中的紧固件、鸡眼、装饰钉、脚钉、拉牌上。结合其基底材料分别采用冲压、压铸或注塑等工艺实现。品牌的标准徽标则由于其图形特点通常直接制作成产品的金属或皮革标牌装饰物置于产品醒目位置。或使用各种制作工艺对该图形进行视觉效果设计：不同材质贴饰、刺绣、压刀版、镂空等手法来凸显其品牌。如图1-1-4所示，香奈尔2016年秋冬季箱包产品仅扣件就有各种造型、肌理和色泽，以用来搭配不同的产品风格。

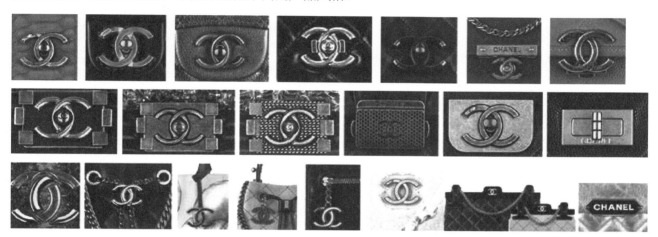

图1-1-4　香奈尔2016秋冬季箱包产品上的品牌标识元素

2.品牌图形

品牌图形是指以品牌标准徽标、标准字体或品牌文化为基础元素变化设计出来的各种图形和纹样，是目前箱包产品开发中应用最为广泛的元素，包括衍生图形和品牌纹样。

衍生图形以标准徽标或标准字体的首字母或简写字母为造型基本，根据品牌中不同产品线的关系进行变化。例如GUCCI的三种双G图形被使用在不同的产品线上，这三个图形来源一致、造型相似，但有所区别，容易被消费者联想并记忆。

品牌纹样是以标准徽标、标准字体或衍生图形为单位图形，遵循连续纹样或散点纹样的设计逻辑而变化设计出来的纹样。这种设计手法比较直接有效，又存有很大的设计可变性，成为目前箱包产品开发中被广泛使用的品牌印记设计手法。另一种品牌纹样来源于品牌的文化渊源而被消费者认同，如BURBERRY的经典家族格纹，甚至成为认知度高于其标准徽标或标准字体的产品识别要素。

品牌纹样的设计需充分考虑箱包产品制作工艺的特殊要求，比如四方连续纹样忌用特定方向性的图形；纹样线条不可小于激光镭射的最细尺寸，在不同厚度的皮革或PU上绣纹样，要考虑底料的牢固度来设计针脚疏密；设计压刀版纹样的时候要计算皮革的反弹度等。图1-1-5是迪奥藤格纹的变化设计，这是在其品牌纹样的基础上，根据流行趋势，结合了压印镂空、装饰钉、线迹衍缝等多种工艺和不同材料设计创作出不同视觉效果的产品设计。

3.专有材质

材质是箱包产品的物质基础，通过对常规材料技术创新加工来塑造独特的肌理效果来形成品牌视觉印记，在使用这些材质元素时，应充分考虑其特性与品牌定位的相符度。如爱马仕箱包长期使用源自制作马具的典型皮革，在行业内人们称这种材料为爱马仕皮革；意大利顶级奢侈箱包品牌BOTTEGA

VENETA的手工编织皮成为其第一品牌视觉印记，这种编织的工艺手法几乎成为奢侈的代名词而风靡亚太地区。图1-1-6是该品牌的包袋，其编织手法层出不穷，独一无二的手工工艺决定了其不可动摇的地位。而意大利品牌FURLA作为较年轻的品牌，自从推出果冻包之后就因为这种独特的材质被消费者认可，并在配饰品牌中有了可识别的品牌要素。果冻包是将天然橡胶用特殊技术一次压制而成，防潮防水易打理，环保耐用，成为该品牌的典型产品。FURLA果冻包的材料也根据流行趋势推出珠光光泽、不同透明度和融合其他材料等创新橡胶材料（图1-1-7）。

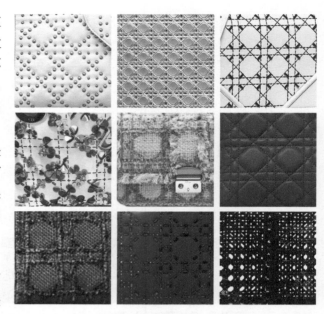

4.经典款式

通过独特产品的外观造型和细节设计在视觉方面加深消费者对品牌的识别。在品牌的发展过程中，经过历史验证的经典产品是品牌的核心价值所在，将经典产品不断地时尚化和故事化是品牌的使命之一。每

图1-1-5　迪奥箱包产品的藤纹格变化

个品牌都坚持根据时代审美趋势不断地推出个性化的款式并不断将其培养成认知度极高的经典款。这些款式成为品牌的形象代言者。

图1-1-6　BOTTEGA VENETA的手工编织包

图1-1-7　FURLA不同材料的果冻包

这些品牌元素与产品融为一体，塑造独特的产品视觉系统和清晰良好的品牌形象，从而获得差异化优势来提升品牌附加价值。它们不仅可以视觉化品牌的文化脉络，还可以在变化设计中不断地成长衍生。在产品设计应用过程中应当无条件地遵循原创性原则和持续性原则。因为这些品牌元素主要是通过对消费者进行持续的视觉刺激来达成固定的品牌印象记忆的。图1-1-8的芬迪小怪兽包就因其创新的开口方式、内部的怪兽造型而提升了品牌的新潮感和年轻度，从而风靡全球，又沿袭了该品牌的趣味皮革（Fun Fur）的品牌文化。

图1-1-8 芬迪的小怪兽包

第二节 ▶ 奢侈品牌箱包产品

奢侈品是指在同行业处于极端领先地位的，为数极少的顶级商品。其内容包括实物形态的商品和服务形态的商品。奢侈品具备典型的地位、设计、材料、技术、时间、价格、营销以及消费等特征；作为行业顶级产品的奢侈品创意与设计对于中国品牌的产品提升具备巨大的引导价值。

在奢侈品牌中有不少箱包产品是典型的奢侈品，它们是同类行业顶尖地位的象征，具有"一看就是好东西"的特点。一方面，这些箱包产品是在对制造成本不刻意限制的情况下，进行高技术和小批量生产。另一方面，奢侈品的设计思想就是要突破现有产品的藩篱。这些箱包产品通常具有惊世骇俗的外观特征，在材料方面追求新、奇、精，在制作工艺方面坚持手工技术在产品制造中的比例，并坚持"慢工出细活"从而使之更"地道"，更有"文化"。奢侈箱包产品的设计、材料和制造等环节的高成本决定了其价格高昂，这也使它具有配伍性的消费特征。

更为核心的是，设计师往往从艺术创作及艺术品中吸取养料来构建奢侈品的艺术价值。从物质形态来看，在剔除了实用功能之后，剩余在奢侈箱包产品中的形式美感和精湛技术等内容，构成了它们的艺术价值；从精神形态来看，在剔除了象征功能之后，奢侈箱包产品的历史故事和地域色彩等人文内容转化为它的艺术价值。

一、路易威登品牌的创新实用设计

1.品牌概述

路易威登于1854年在法国巴黎开启，专门从事制造高档箱包以及与之相关联的配件业务。创始人来自木匠家庭，做过行李箱作坊学徒及法国皇室的皇后捆衣工。经过一个世纪的家族传承，路易威登已经是箱包领域的第一品牌。从1896年开始，以四瓣花与LV缩写组合的英娜古伦"Monogram"图案一直是LV皮件的象征符号，历久不衰。1888年首创的达米尔"DAMIER"方格图案于1996年采用细腻优雅的棕黄色调重新推出，成为经典之中的经典。路易威登在防水、耐火的帆布物料外加了一层防水的PVC（聚氯乙烯），成为它的代表性物料。另外，以LV标志为灵感来源的品牌五金设计也是其产品的象征符号，深受消费群体的推崇（图1-2-1）。

路易威登先生　　　　路易威登标志性图案

品牌元素：

MONOGRAM　　DAMIER方格　　帆布材料　　品牌五金

图1-2-1 路易威登的标志和品牌元素

2.产品结构特点

根据客户的需求进行实用性创新设计是路易威登品牌的产品核心，可以归纳为结构和材料两种创新设计类型。路易威登以数量惊人的实用新型专利技术获得业界的尊重。例如把行李箱的圆弧形盖改成平盖，这样箱子就可以一个一个地堆放上去，这在当时是一大创举，解决了长途马车运输行李堆放难的问题。随着汽车的发展，路易威登品牌也为其设计适合汽车后备厢行李位尺寸的行李箱（图1-2-2）。

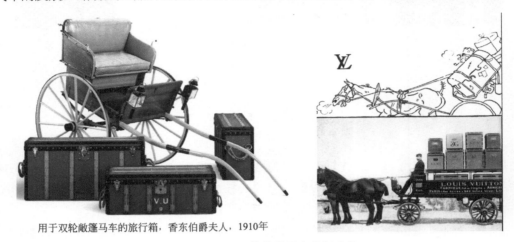

用于双轮敞篷马车的旅行箱，香东伯爵夫人，1910年

图1-2-2　用于双轮敞篷马车的行李箱

路易威登为一些专业人士设计的产品更是精心而独特。为非洲探险家设计的便于携带的探险床箱，如图1-2-3所示，可以收纳被褥，打开后成为一张行军床。路易威登的箱子继承了18世纪的风格，并根据新时代的特征，如男士奢侈品、汽车飞机的快速交通、宫殿式生活等，进行更新，使之更加现代。LV的箱包不仅体现精致和高雅，在喜好和需求上也能不遗漏任何细节和实用性能。图1-2-4的舆洗箱和理发箱装有可以容纳清洁乳液、香精和香水的水晶玻璃瓶、贵重金属瓶或全银小瓶；粉盒和乳液盒，全套刷子和修指甲工具；便携式小镜子或者2～3面大镜子；海绵盒和喷雾器盒等。为19世纪摄影者设计的专用行李箱可以存放胶卷、药水等与摄影相关的东西。当下的摄影专用包袋依然汲取着它的创意精华，如图1-2-5所示。

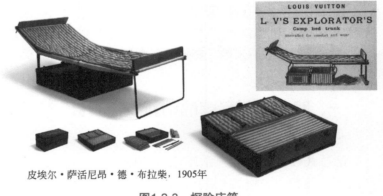

皮埃尔·萨活尼昂·德·布拉柴，1905年

图1-2-3　探险床箱

除了这些小型的创意箱包产品外，路易威登还有着出乎意料的多功能家居式箱包设计。衣服鞋靴柜设计问世于1910年，这款衣物鞋靴柜如同可携带的衣柜一般，外形酷似鞋柜，该鞋靴柜有男士款和女士款。女士版的旅行箱由以下几部分组成：放手套、扇子、饰品的格子，放帽子的储物格，放短袖衬衣、内衣的抽屉以及能放下4双鞋靴的储藏格。鞋靴

罗斯梅尔夫人，1924年

图1-2-4　舆洗箱和理发箱

台除了具备收藏衣物的功能外，还附带一个熨斗和烫衣板（图1-2-6）。男士版的旅行箱带有放手套、领带、手帕、假领、长围巾和短围巾的格子，放帽子的抽屉以及一些放衬衣、内衣和三双靴子的抽屉。为了避免取件时用户蹲得太低，衣物鞋靴柜的高低可自由调节，操作方便（图1-2-7）。

路易威登还会应个别顾客职业的要求，为他们定做各式各样的专属产品。著名指挥家利奥波德·斯托科夫斯基（Leopold stokowski）向LV定制"微型办公室"行李箱，它开启后变成一张书桌，可放置打印机，有书架及抽屉，以存放书本及乐谱。著名女高音歌唱家莉莉·潘斯（Lily Pons）出游时经常喜欢带上各种各样的鞋子，为此，她向LV定制了一个可摆放36双鞋子的鞋柜。

3.创意材料特点

路易威登打破了旅行箱只能用皮革的传统，推出了白杨木箱子，并在外边覆了一层灰色帆布，使旅行箱更轻便且防水；在箱内增加了内部隔层以方便摆放饰物，深受女性欢迎。在"泰坦尼克号"历史沉船事件里，当抵达现场的搜救队伍捞起沉在海里的路易威登硬壳行李箱（图1-2-8），打开后里边竟然滴水未进。

1896年，为杜绝滥仿，在精选的防水帆布面料上使用"花体交织字母缩写体"（Monogram Canvas）帆布图案，成为LV畅销百年的品牌象征。1959年，加勒顿·威登Gaston Vuitton为帆布添加了一层涂料，使其更易于加工，同时加入很多新材料和创意，使LV不仅是实用的箱包，而且成为一件件艺术品。

4.标志性手袋产品

路易威登除了闻名世界的行李箱之外，还有许多经典的手袋产品。如图1-2-9所示，蒸汽机（Steamer）手袋可以折起来收在行李箱内，在海上旅程中又

阿尔伯特·卡恩，1929年

图1-2-5　摄影专用行李箱

左格索·彼托夫人，1933年

图1-2-6　衣物鞋靴柜

完美的旅行箱，男人的衣柜，1905年

图1-2-7　鳄鱼皮衣柜行李箱

船舱旅行衣箱
约翰·莫法，1925年

图1-2-8　船舱旅行衣箱

| Steamer手袋 | Retiro手袋 | Alma BB手袋 | Capucines中号手袋 |

图1-2-9 标志性手袋

可以挂在客舱一角当洗衣袋使用。Steamer手袋是路易威登不可忽视的一款经典杰作。雷蒂罗（Retiro）手袋以标志性的 Monogram 帆布制成，搭配奢华的牛皮饰边，经典永恒，优雅低调的外形设计和宽敞的包身加强了实用性。阿尔玛（Alma）手袋是路易威登经典手袋中设计结构最为挺括的一款。其原型是由加斯顿·威登设计并以阿尔玛·桥（Alma Bridge）为命名的一款作品。卡普西纳（Capucines）手袋经典优雅，名字取自1854年路易威登第一家门店的所在地卡普西纳街（rue des Capucines），是皮革高超工艺的集大成之作。这款手袋以全粒面皮革制成，结合了精致优雅的细节设计，包括硬度适中的手柄、连接手柄的华丽扣环，宽敞而实用的造型和两个内隔层。

二、古驰品牌的复古创新设计

古驰是一个经典而古老的品牌，为了保持时尚引领者的地位，它来了一个成功的华丽转身，采用传统工艺和复古图形重塑了一个时尚精致的品牌形象，凸显了时髦又复古的品牌灵魂。

1.品牌概述

古驰（GUCCI）是意大利奢侈品牌，创建于1921年。创始人古驰奥·古驰（Guccio Gucci）在家乡佛罗伦萨创办了一家经营皮具和小型行李箱的店铺。在伦敦瑟佛酒店工作多年之后，他对英国贵族的优雅美学和高雅品位渐有心得，并将这一感悟通过托斯卡纳皮匠大师创作和打造的精品皮具成功地引入意大利。短短数年之间，该品牌就取得巨大成功，国内外大批喜爱马术风情提包、箱包、手套、鞋和皮带的上流社会顾客纷纷接踵而至。由 GUCCI 率先推出的马衔扣和马镫图案不仅成为这家时尚巨头的不朽标志，更是其不断创新的设计美学的成功典范。

GUCCI的品牌元素如下。

（1）G图案：手袋的扣子或扣环上标志性的双G配饰是GUCCI的标志性图案，Guccio Gucci 的首字母缩写标识最早出现于20世纪60年代初期，当时以单G或双G的形式出现。还以双G标志作饰品底纹，用于制造手袋、饰品及衣物。

（2）绿-红-绿织带：20 世纪 50 年代，源自马鞍带的绿-红-绿织带标志大获成功，成为该品牌最广为人知的标志之一。

（3）竹节手柄：20世纪40年代，由于原材料匮乏，GUCCI开始尝试使用特殊的材料，创新之一是用经过抛光处理的竹子作为手柄的"竹节包"，其侧边弯曲的设计灵感则来自马鞍的形状。

（4）马术链：系着马匹的马术链是GUCCI的发明。这个著名的细节设计，除了因为美观，也是对过去马术时代的一个缅怀。GUCCI镶有马术链的麂皮休闲鞋已是鞋类历史上的一个典范，连美国的大都会博物馆都收藏了一双。后"马术链"也被运用到包包和首饰中，成为Gucci的标志之一，如图1-2-10所示。

标志：

品牌元素：

G图案　　　　　绿-红-绿织带　　　　竹节手柄　　　　马术链

图1-2-10　古驰标志和品牌元素

2.标志性产品

古驰的标志性产品与其品牌元素息息相关，如图1-2-11所示。除了最广为人知的绿-红-绿马鞍织带系列之外，竹节是该品牌最具有辨识度的经典元素。1938年，Goccio Gucci开始运用麻纤维、亚麻、黄麻和竹等材料设计帆布系列手袋，并使之成为最具独特个性的风格。同时，古驰大胆启用带有东方风情的竹子来替换金属，通过火烤加热使其软化并弯曲成一个独特的"U"形，然后通过金属环串联后与包身连接推出GUCCI Bamboo竹节包。20世纪90年代，戴安娜王妃出访罗马时仍拎着GUCCI的竹节包。20世纪70年代，古驰以双G搭扣装饰推出GG Marmont系列手袋，以及饰有织纹虎头马刺扣为葡萄酒之神狄俄尼索斯（Dionysus）的手袋，这也是GUCCI的经典款。

织带系列　　　　　Gucci Bamboo系列手袋　　　　　GG Marmont系列手袋

帆布系列手袋　　　　　　　　　Dionysus手袋

图1-2-11　古驰标志性手袋

三、香奈尔品牌的突破传统设计

不管是服装、饰物配件，还是化妆品、香水，香奈尔品牌都塑造了女性高贵、精美、优雅的形象——"当你找不到合适的服装时，就穿香奈尔套装"。这是一个善于突破传统，抛弃束缚的品牌，而这些突破也是与她生命中重要的几位"情人"密切相关的。将男性服饰元素使用到女装上是香奈尔的典型手法，由此奠定了20世纪的女装风格。

1.品牌概述

香奈尔是创建于1913年的法国奢侈品牌，产品包括女装、服饰品和化妆品。其产品和香奈尔本人丰富的不可复制的个人经历息息相关，具有融典雅与幻想为一体的特征，永远保持高雅、简约、精美的风格。

香奈尔品牌元素如下。

（1）双C标志：在CHANEL服装的扣子或皮件的扣环上，可以很容易地就发现将可可·香奈尔（COCO CHANEL）的双C交叠而设计出来的标志，这更是让CHANEL迷们为之疯狂的"精神象征"。

（2）菱形格纹：从第一代CHANEL皮件越来越受到喜爱之后，其立体的菱形格纹也逐渐成为CHANEL的标志之一，不断被运用在CHANEL新款的服装和皮件上。后来被运用到手表的设计上，尤其是马特拉塞（matelassee）系列，甚至连不锈钢的金属表带都塑形成立体的"菱形格纹"。

（3）山茶花：是CHANEL王国的"国花"，更是COCO CHANEL的美学寄托。不论是春夏还是秋冬，它除了被设计成各种质材的山茶花饰品之外，更经常被运用在服装的布料图案上。

（4）白与黑：无瑕的润白珍珠与黑色礼服的永恒搭配，及地长裙，白与黑的色彩运用成为香奈尔闪耀夺目的品牌标志，使得香奈尔更契合时代，更能凸显出女性之美（图1-2-12）。

标志：

品牌元素：

双C   菱形格纹   山茶花   白与黑

图1-2-12　香奈尔品牌元素和标志

2.标志性包袋产品

CHANEL 2.55 Flap Bag是香奈尔最经典的手袋，直接体现了该品牌的核心基因。香奈尔为传统手拿包加上一条背带，成功解放女性的双手，而"菱格纹绗缝图案＋酒红色内衬＋方形搭扣＋金属链条"的灵感就来自香奈尔小时候生活的孤儿院。绗缝的菱格纹家居内饰，酒红色内衬是孤儿院制服的颜色，双肩链是看守腰间系钥匙的链子，内置的小夹袋来源于香奈尔藏情书的衣服夹缝。长方扣被命名为"小姐之锁"，代表Coco终生未嫁。卡尔·拉格菲尔德（Karl Lagerfeld）在经典Reissue 2.55的基础上做出了一些改变，他把手袋的金属锁链肩带上加入了皮革，把锁扣改成了经典双C标志，这款有着双C扣的2.55包被称为经典（Classic Flag），如图1-2-13所示。

CHANEL 2.55 Flap Bag   Reissue 2.55 Flap Bag   CHANEL Classic Flap Bag

图1-2-13　香奈尔经典手袋

里孩（Le Boy）是 Karl Lagerfeld 在 2011 年创作的一款包袋。这款包的设计灵感源于 COCO CHANEL 和她的挚爱情人卡佩尔的爱情故事。它的外形设计来源于狩猎子弹夹，这种硬朗的设计让香奈尔走起了摩登帅气路线。复古的旧质感金属标志锁扣，豪迈的金属链条，包型棱角分明。该款设计摆脱了古旧感觉，把品牌经典 Flap Bag 的造型和风格延续的恰到好处，在后面产品开发中，该款式的材料设计不断被更新，更是推出了科技、人文等主题，如图 1-2-14 所示。

图 1-2-14　Le Boy CHANEL 的新款

四、迪奥品牌的缪斯灵感设计

迪奥作为服装界的顶级奢侈品牌，它的成功设计来源于那个世纪的唯美女神们，她们都是迪奥的缪斯。迪奥为不同国家的影视明星设计服装，迪奥顾客的名字堪比一部世界电影名人录。她们有着过人美貌和独特气质，在迪奥的时装与香水中找到与众不同的灵感，令她们事业蒸蒸日上或已纳入囊中的荣耀不断升华。

1. 品牌概述

迪奥于 1946 年创建于法国巴黎，在法文中是"上帝"（Dieu）和"金子"（or）的组合，金色后来也成了 Dior 品牌最常见的代表色。克里斯汀•迪奥设计的"新风貌"，颠覆了全球女性对美的理解，继承了法国高级女装的传统，重新确立了巴黎世界时尚之都的地位。他设计推出的花形系列，令法国的生活艺术在全世界受到瞩目和认同。它在服装的设计上注重的是服装的女性造型线条，而并非色彩。迪奥始终保持华丽的设计路线，做工精细，迎合上流社会。它的设计理念极大地影响了当代世界女性时装潮流，他的特许授权商业运作模式更是开全球时装界之先河。

迪奥的品牌元素如下。

（1）经典藤格纹：藤格纹（Cannage）图案源自 18 世纪椅子的椅背以及编织芦苇、麦秆及藤枝的传统专业工艺，于 1991 年推出，并不断从不同的印花图案及质感汲取灵感。

（2）千鸟格：千鸟格纹是 Dior 品牌的经典主题，代表着趣味、优雅和共鸣。1948 年迪奥推出"Zig-Zag"系列就是充满几何立体感的千鸟格图案。

（3）铃兰：铃兰是迪奥先生最爱的花卉，代表着无尽的运气。铃兰图案在 Christian Dior 的产品中俯拾皆是。

（4）优雅蝴蝶结：蝴蝶结是迪奥连身裙设计不可或缺的组成部分，同时还作为装饰元素，突出领口、臀部或纤腰。

（5）玫瑰：玫瑰元素从代表 Dior 的经典深红色至娇柔的粉色，都尽现色彩百变的美态。

（6）幸运星：迪奥先生认为一切都有征兆，万物皆有深意，笃信必有幸运之星护佑。

（7）豹纹：1947 年，迪奥获得里昂一家丝绸公司的豹纹印花图案的独家经营权之后，该纹样就成为展现现代女性像猎豹一样的灵巧特质的专属纹样（见图1-2-15）。

标志：

品牌元素：

铃兰　　　千鸟格　　　蝴蝶结

豹纹　　　幸运星　　　藤格纹

玫瑰

图1-2-15　迪奥标志和品牌元素

2.标志性包袋产品

戴妃包（Lady Dior），拥有DIOR品牌的精致元素并以全手工制作，低调简单，却充满韵味。戴妃包设计简单大方，是简洁的方形包型，没有一点多余的装饰，只是在包把上悬挂着Dior四个字母的金属吊扣。在简单中流露出经典的奢华。上面的菱形格是Dior公司特有的藤格纹，总共需要144件配件与近百道工序。戴妃包也提供珍稀材质包款的订制服务。可选择各种奢华的顶级皮革：包括鸵鸟皮、鳄鱼皮、蟒蛇皮或蜥蜴皮（图1-2-16）。

除戴妃包，图1-2-17中的包款也是迪奥的标志性产品。迪奥软包（Dior Soft）系列手袋是2006年推出的经典Lady Dior手袋的变化版，此款手提包采用小羊皮或者漆皮包面饰以经典藤格纹缝线设计，搭配皮革及淡金色金属链带把手，也可肩背，容量大且可卷起放入行李中，以随意百搭又实用的特质广受欢迎，它传承戴妃包的设计精髓并集实用、优雅和舒适于一身。迪奥格兰佛（Dior Granville）手袋诞生于2009年秋冬，主要推出手提包与波士顿包，且大多使用了常用搭配色，在设计风格上展现时尚、大气、简约三个具有代表性的都市特点。迪奥小姐（Miss Dior）是2011年的秋冬新款链条包，与Miss Dior香水同名。此款手袋定位高端，均在Dior的工作室全手工制作，运用传统的结构和技巧，通过木制模具精心打造。

图1-2-16　迪奥戴妃包

Dior Soft   Miss Dior   Dior Granville

图1-2-17　迪奥标志性手袋

第三节 ▶ 时尚品牌箱包产品

　　箱包品牌除了奢侈品牌之外，还有流行时尚品牌。在推崇个性化和定制化的互联网时代，小众的时尚品牌也深受关注，它们通常拥有独特的创意点和概念，以表达某种值得推崇的个体观念或生活理念为核心。这些时尚品牌以原创产品为特点，在特定时间内率先由小众的特定人群购买使用，后来为社会大众所崇尚或仿效而争相购买，它具备功能性、传播性、文化性和迭代性等特征。箱包时尚品牌有MICHAEL KORS、FURLA、COACH等，它们风格年轻时尚，材料创新多样，设计视角创新变革，拥有大量中等收入的年轻消费群体。

　　这些品牌知名度虽然不如奢侈品和时尚品高，但是拥有较固定的消费群体，能给市场化产品带来灵感和亮点，具备巨大的文化经济价值潜力。目前比较典型的新兴包袋时尚品牌是英国品牌安雅（Anya Hindmarch）和瑞士品牌弗赖塔格（FREITAG）兄弟。

一、安雅品牌的搞怪设计

　　安雅总是不按常理出牌，灵感来自都市日常的生活，能敏锐地发现创意点。它不关注精美高贵的箱包，而是关注可爱搞怪，追求活力十足的感觉。

1.品牌概述

　　安雅是近几年迅速崛起的英国时尚设计师品牌。安雅·希德玛芝1986年开始设计手袋，1993年于伦敦设专卖店。2001年，35岁的安雅·希德玛芝赢得由英国时装委员会颁发的2001年最佳英国设计师大奖。2007年因推出环保包袋I'm not a plastic bag（我不是一个塑料袋）而成为明星追捧的设计师（图1-3-1）。

图1-3-1　安雅品牌logo和标志性手袋

2.标志性包袋产品

安雅品牌推出的Sticker Shop（贴纸者）系列是将可爱的各种小贴纸贴在包包上，随心所欲，按照自己的想法贴，童趣无限（图1-3-2）。2016年春夏系列是对模式和抽象的探索，灵感来源于设计师对日常生活的感受和随时可见的标识图形（图1-3-3）。2016年秋冬系列以像素化和颜色为特征，围绕数码和数字进行设计，同时使用了创新的皮革技术，如热黏合和皮革镶嵌等工艺（图1-3-4）。

图1-3-2　Sticker Shop系列

图1-3-3　2016年春夏系列

图1-3-4　2016年秋冬系列

二、弗赖塔格品牌的可持续设计

时下很多年轻人认为，拥有一款弗赖塔格（FREITAG）包，代表着他们拥有一种不同的生活方式。而这也正好是FREITAG想要传递的理念，FREITAG代表着"一种更好的生活方式"。改进内部组织的FREITAG，多年来在环保包袋领域精耕细作，产品遍布全球，在材料的可持续利用上有着丰富的经验。如今涉足环保面料领域，也许会掀起一场面料革命，我们拭目以待。

1.品牌概述

FREITAG是来自瑞士的环保袋包品牌，是丹尼尔·弗赖塔格（Daniel Freitag）和马库斯·弗赖塔格（Markus Freitag）兄弟创建于1990年。产品品类以包袋和服装为主。其包袋产品特点是以可回收素材为原料，来保证每款包独特的二手感及独一无二的样式与颜色，满足了大众消费者的喜好（图1-3-5）。

图1-3-5　设计师Daniel Freitag和Markus Freitag

弗赖塔格包袋的款式与样式非常丰富，有根据客户定制的帆布包，有裁切帆布制成的手提包，也有自己独立创作的双肩背包等。每个产品都是手工裁切，不同的材料有不同的图案。由于是回收材料制作的包袋，其面料上都有陈旧的风霜印记，且产品的色彩会随着岁月的变迁逐渐发生变化，而这些变化是有趣的。虽然外部使用废旧的防水材料，但是内部的布料质感却非常好，柔软而细腻，便于清洗。而装背包的纸盒可以进行再利用，并由消费者组装成一只纸电视机的设计，让消费者感受到设计师的幽默和智慧。

2.标志性包袋产品

图1-3-6的这些标志性产品的材料100%是再生PET面料，防风、防雨、耐磨、耐脏，而且会在使用过程中变成使用者独一无二的色彩。内袋由白色篷布制作。舒适的肩带可快速调整长度，当骑自行车的时候，固定在腰上的带子可调整松紧。拉链进行了隐蔽式设计，可以从垂直或水平角度随意拉上。包内部空间很大，设计多达15个隔层。整个袋子可以折叠，拉链、肩带、手带都缝在间隔里。

图1-3-6　FREITAG标志性的环保袋包

三、迈克·高仕的现代快节奏生活定位

迈克·高仕（Michael Kors）是一个来自美国的时尚设计师品牌。迈克·高仕是位不脱离现实的幻想家，钟情巴黎的纽约人，它的设计风格简约明朗，凭自成一格的设计，赢得了世人瞩目。它的品牌精髓是Jet Set（乘喷气客机到处旅游的富豪），上午在纽约，夜晚在巴黎，不在乎完美妆容，戴上墨镜，就能随时出发，是20世纪60年代快节奏生活的先行者。"Jet Set是魅力永恒，不论身处何地，每一步都自信优雅，性感又时髦"。这是迈克·高仕的品牌理念。

1.品牌概述

迈克·高仕公司于1981年正式成立，总部设在美国纽约。迈克·高仕品牌涵盖了时装、包、鞋履、腕表、珠宝、香水等领域，将时髦、舒适、性感和运动风融合在一起，打造出优雅、随性、华丽的魅力。该品牌产品简约时髦，穿着舒适，将奢侈品行业带入了一个新阶段，成功塑造了崇尚自我表达和与众不同的生活化概念，并将品牌与过去的经典美国奢侈品牌区分开来。

迈克·高仕的品牌元素主要有吊坠和标志面料（图1-3-7）。

（1）迈克·高仕吊坠：几乎每个迈克·高仕包袋上必有金属挂件，绝对是品牌的标志之一。

（2）迈克·高仕经典标志面料：大量使用"MK"暗纹也是迈克·高仕的经典标志，简洁大方的字母标志作为产品元素也是各大品牌常用的手法。

Michael Kors吊坠

Michael Kors经典标志面料

图1-3-7 迈克·高仕标志和品牌元素

2.标志性包袋产品

迈克·高仕经典款"杀手包"因其功能实用、风格百搭、价格亲民而广受喜爱。"Selma Bag（塞尔玛包）"系列在国内被称为"耳朵包"，造型独特，版型很好，使用很久也不会变形。迈克·高仕的"Hamilton Bag（汉密尔顿）"锁头包绝对是品牌爆红的推手之一，无论是明星还是超模，几乎人手一个。另外，"Miranda Bag（米兰达包）"备受消费者青睐（图1-3-8）。

Michael Kors经典"杀手包"

Selma Bag系列

Hamilton Bag"锁头包"

Miranda Bag

图1-3-8 迈克·高仕标志性包袋

四、芙拉品牌的独特意式精神传承设计

芙拉（Furla）的意式基因和优质品位代表着品质、多元创意、快乐及现代意大利生活方式，传承了由来已久的意大利箱包行业的精湛工艺和优势，富含对现代美学和创新设计的领悟。

1.品牌概述

芙拉是一个家族企业，由阿鲁德·富拉尼特（Mr. Furlanetto）于1927年在博洛尼亚建立，早先经营皮革制品配件，于1980年正式创立芙拉品牌。芙拉是一个将品质、风格、设计融为一体的意大利品牌，它的独特个性表现在其丰富的颜色和款式上。芙拉的设计意念取自意大利的自然景色，如水清沙细的海滩、碧波上的帆船、绿油油的橄榄园和四季花卉等，洋溢着迷人的南欧风情。

芙拉的品牌元素如下（图1-3-9）。

FURLA

Furla标志logo

经典浮雕logo插锁

专属PVC材质

图1-3-9　芙拉标志和品牌元素

（1）芙拉标志：品牌的名字标识"Furla"，作为品牌标识别，被用于五金标志牌以及锁扣、拉派等印记。

（2）经典浮雕标志插扣：专属的插扣设计更多地运用在女款包上，是芙拉的经典标识元素之一。

（3）专属聚氯乙烯（PVC）材质：Candy Bag（糖果包）运用聚氯乙烯材质，引起了全球轰动，成为识别力极高的品牌材料。

2.标志性包袋产品

芙拉推出"Candy Bag（糖果包）"系列（图1-3-10），透明材质加上鲜艳的色彩，像水果糖一般诱人，作为芙拉品牌最具特色的创新、创意与传统风格相互融合的代表之作，在意大利原创及生产、色彩绚丽及设计大胆的糖果包毫无疑问已成为必备的实用绝佳单品，也是芙拉品牌最畅销的系列之一。

图1-3-10　芙拉Candy Bag（糖果包）系列

2014年，芙拉推出"Metropolis Mini Crossbody（都市迷你链条斜挎包）"系列（图1-3-11），在国内被称作"小方包"，符合近几年迷你包的流行趋势。之后又推出"Customize Your Metropolis（定制你的都市）"个性化定制服务，方便消费者拥有属于自己的芙拉经典包款。"My Playfurla（我的玩趣芙拉）"推出黑色、白色和玫瑰粉色的小牛皮链条包，包款背后可拆卸的纽扣设计，可个性化随意更换襟翼，缔造出不同款式。

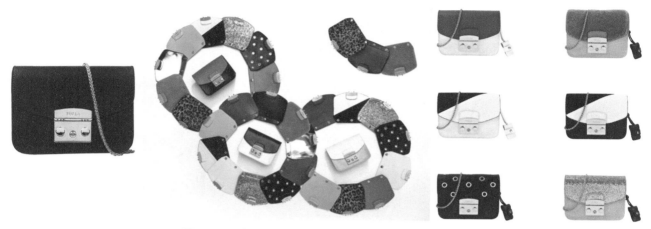

图1-3-11　芙拉Metropolis Mini Crossbody链条斜挎包

五、蔻驰品牌的美式轻奢生活风格

美国经典皮件品牌蔻驰代表美式时尚最为人称道的创新风格和传统手法，以简洁、耐用的风格特色赢得消费者的喜爱，并因其亲民的性价比和风靡一时的轻奢概念而流行。

1.品牌概述

蔻驰在1941年诞生于美国纽约，是美国历史最悠久和最成功的皮革制品公司之一，蔻驰是美国高端生活方式时尚品牌，产品系列包括女士手袋、男士包款、男士及女士小皮具等。20世纪90年代，蔻驰公司认为单靠品质和功能性已不能满足现代消费者的需求，消费者其实更在意和追求产品的"情绪化"需求。因此，蔻驰公司设计师里德·克拉科夫提出了著名的3F新产品理念，即"Fun、Feminine、Fashionable（有趣、女性化、时尚）"。从改变产品的原材料入手，开始采用皮革、尼龙和布料，向市场推出轻便、色调明快的包袋，蔻驰也是第一个提出在不同场合、季节、时间带不同款式包的平价精品品牌。

蔻驰的品牌元素如下（图1-3-12）。

（1）四轮马车标志：Coach一词本意就是四轮大马车，而作为贵族的座驾，自然寓意着高贵、典雅和奢侈。黑色调的蔻驰标志为2匹在奔跑的马，马童坐在马车上挥鞭赶马。

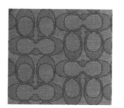

连锁的"C"形图案

基本色Saddle、Black、Mahogany

图1-3-12　蔻驰标志和品牌元素

（2）连锁的"C"：连锁的"C"形图案装饰在产品中，这个系列产品实际也是蔻驰品牌推行多年的营销战略的一部分，这种设计既迎合了当下简洁的时尚品位，又保留了原先的设计理念，因此，在推出之后大受市场欢迎。

（3）基本色Saddle、Black、Mahogany（马鞍色、黑色、赤褐色）：这三个蔻驰的基本色一直想要表达的信息是保持皮革的高质量，还原皮革的本色，传承70年前蔻驰创世之初的核心文化。

2.标志性包袋产品

蔻驰的Madison（麦迪逊）系列（图1-3-13）是把实用与时尚两个元素发挥到极致，经典简约的外形设计，融入了小部分的时尚元素，使产品成为通勤款式。

图1-3-13　蔻驰Madison（麦迪逊）系列

Kristen（克里斯汀）系列以优雅流畅的线条著称（图1-3-14），设计风格大胆创新，赋予品牌全新内涵。每款包的设计都充满女人妩媚的美感，在每个细节处的做工上要求完美。

图1-3-14　蔻驰Kristen（克里斯汀）系列

第二章

箱包设计企划与创意

本章从企业角度讲解箱包设计的定位、研发和创意流程，并结合现代商业模式来考量设计企划的可行性和前沿性。

第一节 ▶ 设计定位与市场调研

品牌时代的箱包产品设计定位不仅在于关注产品和用户，而且必须以品牌文化为核心，并与品牌风格达成一致。所以，在进行设计企划和创意之前，要立足于品牌概念之上来考量设计定位和市场调研。

一、设计定位

设计定位包括品牌定位、消费者定位和产品定位。设计定位决定着品牌的形象和产品的开发方向，它以塑造产品在细分市场中的不可替代的位置为基本目的，传达给消费者一种生活方式和时尚态度。在以设计作为产品竞争力的今天，企业必须根据目标市场的需求特点有针对性地选择市场营销策略，周密地对产品进行设计企划，从而创造产品和品牌的差异化，提升品牌附加值。

1.定位内容

品牌定位的核心是提升品牌价值，根据品牌特有的资源塑造品牌独特的个性和良好的形象。消费者定位要依据目标消费者的心理与购买动机，寻求其不同的需求并不断给予满足，重点关注消费群体的日常行为、消费习惯、情感取向以及消费价值心理。设计定位主要是在品牌定位和消费者定位的前提下进行精准的产品定位。

产品定位是目标市场的选择与企业产品结合的过程，也是将市场定位企业化、产品化的工作。产品定位有许多方法，但最为常用的是差异化定位法。箱包产品定位的具体内容包括产品主体价格带、风格定位、品类功能、主题分类、核心工艺等内容。

产品定位的步骤：首先分析本企业品牌与竞争品牌及学习品牌的产品。其次通过这些产品的比较找出差异性，提取有效的差异性信息以及该差异性对目标市场正面及负面的作用等资讯。然后根据目标市场的需求欲望和本企业的开发能力来进行规划和执行。

2.商业模式

品牌在进行设计定位时，首要考虑的是当前及未来的商业模式。中国移动互联网时代带来商业模式的彻底变革，线上网店加线下实体店成为销售产品的主要模式，箱包产品由于无须试穿用的适用性而迅速适应了这种模式。

近年来，线上销售模式除了网络平台、企业APP等模式外，兴起了网红经济的商业模式。这些有影响力的网红紧贴流行趋势，通过与粉丝群体频繁互动来引起消费者的共鸣，他们通过品牌赞助、设计和在线出售产品进入线下商业领域。品牌实体店已经不是一种销售渠道，而是成为体验品牌文化的场所，与只能用视觉和听觉感受产品的网购相比，实体店可以产生触觉等全方位浸入式体验。

随着中产阶级消费群体的不断崛起，对于产品个性品位的需求和品牌服务的要求也在不断提升。而从设计定位的角度来讲，具备独特设计风格是加强品牌识别度的直接方法，比如运用特殊的环保材料、独一无二的手工技术或者是挖掘强烈的文化特征。同时，中国80后、90后的消费群体已经成为最大数量的消费群体，他们习惯于互联网以及社交媒体的熟练运作。

为了适应变化巨大的商业模式和消费群体，品牌必须变得更加灵活和快速，反应在设计企划、产品开发流程和销售模式等各个环节。

二、市场调研

市场调研包括市场调查和分析。企业可以根据本企业的营销目标及预期利润，选择自己要开拓的目标市场。通常可以通过市场调查寻找到该市场的空缺点或者是能体现本企业优势的关键点，并以此作为设计定位的主要参考项。而产品的设计定位要在充分分析竞争者的现有产品优劣势和目标消费者对产品某些属性的重视程度的情况下来设定，所以详尽而有效的市场调查就成为第一步。根据中国目前的商业模式类别，我们分别以实体店调查和网络调查两种方式进行。

（一）实地调查与分析

在市场调查之前，必须先全面了解本品牌信息，调查者可以通过内部培训、官网浏览以及其他媒体资讯来了解品牌的历史和定位等信息。而调查者的信息也十分重要，包括调查者姓名、职务、联系方式等，一方面调查者的职业岗位决定其关注点，另一方面也便于在市场调查总结分析时跟踪核实其调查结果。

调查的时间、地点、店铺情况、周边品牌情况是未来进行市调分析的基础，在进行产品调查时，时间和相应的调查季节必须标注，这有助于分析者甄别次要信息；店铺布局情况对产品销售有直接的影响，而了解周边品牌情况则可以明确其竞争对手。

产品信息是设计调查的主要内容，包括主体价格带、款式数量、款式类别及品类、物料情况、畅销款式及该品牌的标识性元素的开发情况等；可以了解到目标消费者比较关注款式、物料、色彩、装饰还是功能和工艺等有效的开发信息。

针对产品的实地调查可以使用访谈法和观察法，首先要设置好特定考察项的表格。基本考察项必须包括的内容，详见图2-1-1。

在取得充分的支撑性市调信息后，可以采用比较分析或重点分析法来获得有效而正确的产品需求信息，来设计富有针对性的产品。分析要点如下。

（1）营销情况分析：考察目标消费者所处的地理位置、经济发展水平，了解目标消费者的生活方式以及消费习惯。分析消费者购买动机、产品关注点、使用状况、更新频率、品牌忠诚度等具体标准，如目前流行的商场模式。

（2）产品系统分析：此类分析要求在长期跟踪调查和内部信息支持的情况下进行，可针对竞争品牌、学习品牌和自身品牌展开。最终达到调整本品牌主体价格带、款式数量、款式类别及品类等整体规划的目的。主要是在营销数据的支撑下，进行比对后得出调整依据。

（3）产品整体及个体分析：对品牌标识性元素的开发、常规物料、趋势物料以及品牌物料在具体款式上的应用情况进行调查分析；其中畅销款式图片及细节信息的收集分析尤为重要，畅销原因是市场调

<table>
<tr><td colspan="13" align="center">2017年春季品牌市场调研报告</td></tr>
</table>

考察项目	女包	报告人	陈某某	职务	××集团××品牌设计师		联系电话	138××××××××			
考察品牌	DISSONA	品牌定位	中国原创高端皮具品牌			考察时间		2017年3月11日12时（星期六）			
考察地点	上海市徐家汇东方商厦	商圈概况	上海市徐家汇商圈包含汇金广场、港汇广场、太平洋百货、东方商厦、美罗城、上海六百等中高档商场组成，为成熟商圈。地铁、公交枢纽站、交通便利，高档办公楼、居民住宅林立								
店面形式	边厅□　中岛□　专卖店■　生态店□　品牌集成店□						店铺面积	10m²		导购人数	2
商品总款数	68	新款数	18	经典款数	10		橱窗款数	6		其他款数	34
价位段描述	1～1000、1001～2000、2001～3000、3001～4000、4001～20000					主体价位		1790、1890、1990、2190、2390、2590			
品类占比描述	单品类包含双用功能	手拎包	35%	肩背包	10%	斜挎包		15%	双肩包		10%
		手拿包	4%	小件	26%	其他		%			
物料占比描述		真皮	100%	PVC	%	PU		%	混合		%
品牌印记	本季店内无新品牌纹样设计					五金					
畅销款式											
畅销关注点	款式■　物料□　色彩■　图案□ 功能■　价格□　其他□			款式■　物料■　色彩□　图案□ 功能□　价格□　其他□				款式■　物料□　色彩□　图案■ 功能□　价格□　其他□			
畅销补充说明	时尚、美观、实用，都市时尚电视剧款			精品系列，品质感高				斜挎包符合季节性，明星同款			
市调总结	1. DISSONA的消费群定义明确，其主要针对23～35岁具有一定文化修养和社会地位，高雅时尚又内敛的女性，确立了优雅、知性、奢华的品牌风格 2. DISSONA品质较好，精选上乘皮料、精湛的五金配件、完美的细节处理，树立了精致、高端的品牌形象。保证高品质的同时，包款的设计紧跟流行趋势，切合消费者追求时尚的心理 3. DISSONA此季节包款以米白、杏色、粉色等浅色为主，辅助红色、橙色等亮色作为时尚产品 4. DISSONA款式越来越多地加入时尚元素，例如2015年首次推出的小猫包及其不断变幻的新款、流行的机器人造型、夸张的印花纹样等 5. DISSONA作为第一个登录2017米兰时装周的中国皮具品牌，为品牌销售有良好的影响力 6. DISSONA终身保修承诺，为消费者提供了售后保障										

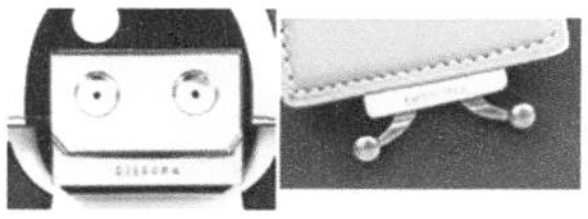

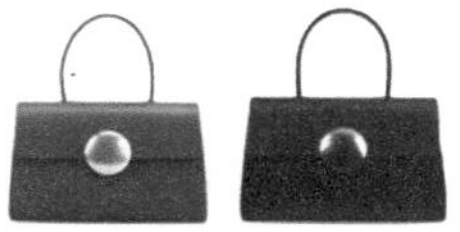

图2-1-1　2017年春季品牌市场调研报告

研的最终目的，可以作为下季产品开发的直接参考。

（4）产品元素分析：针对国际品牌和国内品牌的产品进行调研和分析，总结归纳出学习品牌的主题开发思路、设计要素，研究表现手法和工艺手法，为自身产品开发做储备。如图2-1-2、图2-1-3所示，设计师首先收集国内外箱包品牌的新品，然后根据其设计点将其分别归类为都市科技、自然生态和艺术人文几个大类别进行梳理，为本品牌的下一季主题产品开发储备设计元素。

（二）网络调查与分析

互联网时代的网络购物成为主要的营销模式之一，利用品牌的官方网站、天猫、京东、唯品会等商业平台以及企业的APP可以全面收集各个品牌的产品和细节说明、消费群体的各种评价，然后分析总结。

1.单款产品的调查与分析

以CHANEL为例，从其官网上可以查询到经典的Ladyboy系列包款在2017春夏季呈现三款不同造型，且均能查到其详细信息。以小号BOY CHANEL为例，材质为小羊皮、LED与幻彩金属；尺寸12cm×2cm×7cm；颜色为白色与多色；售价为人民币50300元；配有产品LED动态效果展示图、广告图

国际品牌

品牌	品牌说明	设计主题		
		都市科技	自然生态	艺术人文
Chanel	香奈尔品牌，秉承创始人嘉柏丽尔·香奈尔女士划时代的创新理念与前瞻创意，善于突破传统，告别某种束缚，演绎时尚优雅风格、品位，成为现代女性美学字向标	金属质感小牛皮与创新LED幻彩闪灯组合，搭配银色金属； 羊皮革、PVC丝绒，迷彩织物、网纱与金色金属； 名贵树脂、水钻与银色金属； 科技主题将时尚女性置于数字世界的中心	刺绣丝绒花开，小羊皮材质搭配金色金属； 酒椰纤维、牛皮革与银色金属； 自然元素、户外编织，天然材料打造自然及户外主题	刺绣软呢搭配金色金属，金属配饰； 缎面丝绒，蜥蜴皮、人造珍珠与金色金属 塑造华丽温暖的人文艺术
Dior	迪奥品牌继承了法国高级女装的传统美，品牌设计不断创新却始终保持高贵优雅的风格，品牌成为时尚旅行艺术的象征，自信活力	原色小牛皮翻盖式手提包，搭配"J'"ADIOR"标志和复古金色金属可拆卸链带； 黑色藤格纹小牛皮柔软手提包，缀以饰钉，搭配复古金色金属配饰； -Fence原色小牛皮袖珍斜挎包，搭配复古银色金属搭配现代科技感 简洁利落的色彩与金属搭配呈现锁扣	柔粉色小牛皮手拿皮夹，搭配复古金色蜜蜂珠宝装饰绣钉-Bee黑色小牛皮袖珍斜挎包，点缀原色蜜蜂压印装饰 精致的昆虫灵感来自自然主题	原色小羊皮晚宴包，缀以塔罗牌"命运之轮"刺绣图案和金色"DIOR"把手； 棕色小羊皮晚宴包，缀以塔罗牌"恋人"刺绣图案 图腾图案带人异域圣地
Lv	路易威登以功能性和实用性箱包起家，以卓越品质，杰出创意和精湛工艺成为时尚旅行艺术的象征	独特丝网工艺，在Epi皮革上印满色泽羊润的电子色压纹； 运动风格的Race印花手袋； 醒目的五金对比设计令此款Twist手袋闪射耀眼光芒； 适宜日夜使用的都市时尚之选	Monogram帆布个性背包饰以叶形印花，小牛皮饰边，鸟儿刺绣Epi皮革，刺绣亮片夜莺体现了品牌的旅行精神； 黑色小号牛皮手袋，金属饰钉与精致饰花，令人联想到丛林元素	多重面料，丰富色调的染料，加以珠宝式的LV扭锁； 小牛皮搭配Monogram帆布，创造出和服式造型，并加饰金属V字标识； Monogram帆布搭配三色皮革打造异域配色效果
Gucci	古驰是全球卓越的奢华精品牌之一，以其独特的意和革新，以及精湛的意大利旅行艺术工艺闻名于世	颇具结构感的柔软造型和超大号翻盖封口，白色缝缀几何花纹真皮，配以双g金属配件； 白色肩背包配以Sylvie织带丝绦，金属搭扣源自品牌经典，装饰多种时尚刺绣和复古风格细节，其中包括航空邮件式滚边和皮革自经典设计的Gucci印花； 舒适简洁的包款设计符合都市女性化气质	粉色链条手拿包，通体装饰珍珠绣钉和金属蜜蜂细节，高级人造皮革配以Blooms天竺葵印花，银色金属； 白色牛皮饰以精美的繁花刺绣，搭配金色金属； 自然主题灵感包含花卉、昆虫、鸟类、动物等，丰富	自由的手绘效果图案品牌纹样，蓝色绗缝人字纹真皮； 油漆滴落效果手绘品牌双G纹样，黑色细赢平纹皮； 系列产品态满艺术效果和个人情怀

图2-1-2 国际精品箱包产品主题性分析

国内品牌				
品牌	品牌说明	设计主题		
		都市科技	自然生态	艺术人文
Dissona	DISSONA时尚工匠精神，在生活美学、艺术、创意等品牌文化层面，用产品设计、视觉表现和文化沉淀来宣告自己的时尚态度：年轻却高级、优雅有活力	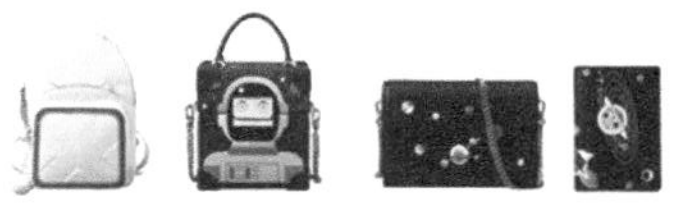	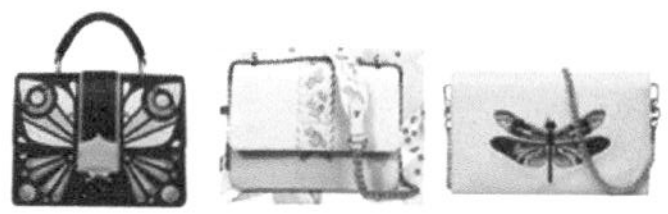	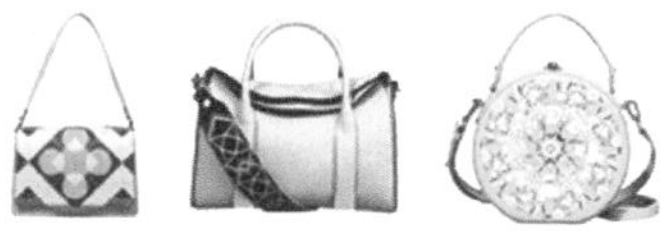
		米白色实用背包，压膜纤缝线条干净利落，猫咪五金俏皮玩味； 机器人凹凸印，方形箱包造型配以个性锁扣，带来人工科技感； 以宇宙探秘为灵感，独特主题五金塑造星球集群，钱包以波普新球元素图案装饰，展现都市科技感	精纯手工无缝拼接的贴皮工艺，打造3D丰润的蝴蝶图案，色彩斑斓； 桃花拼皮工艺，蝴蝶触角饰扣，柔粉色彩清新怡人； 裸粉色蜻蜓刺绣链条包，演绎充满自然的丛林协奏曲	传统新纹样的设计带来复古民族感； 古巴灵感图腾纹样肩带设计，配以简约的波士顿包型； 运用3D立体凸印仲夏系列艺术雕塑图案，超过20种色彩涂染，无不体现出艺术与匠心的温度
KH Design	以独创的细部，和对原创性的坚持而独树一帜。主张有风格的艺术设计，从此，皮包也变成了时尚的收藏品	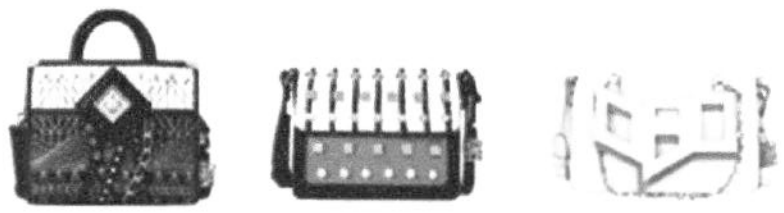	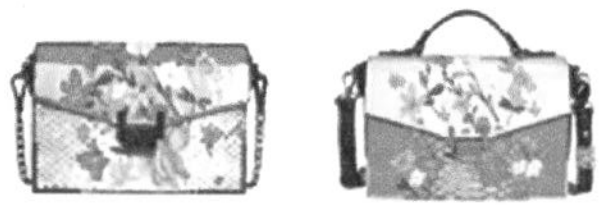	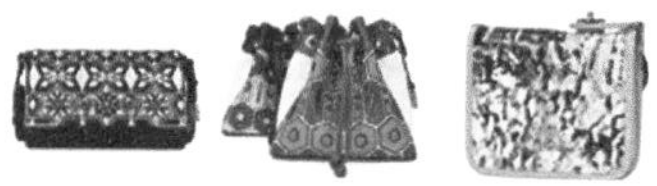
		黑白经典，几何线条图形，硬朗方形包身搭配夸张五金饰扣； 利落廓形斜挎包，工业五金饰钉装饰； 时尚几何镂空装饰，蓝白醒目配色；展现都市效果	稀有动物皮纹，金属皮革，多彩花卉图案，靓丽自然	典雅配色的传统民族图案运用于实用斜挎包型； 异域配色图案配以饰钉装饰，抽缩桶包如同古时背囊结构； 抽象油画效果手包，展现浓郁的艺术气息
Dilaks	迪莱克丝皮具时尚的设计理念、精细的选材、精湛的手工艺，同时更关注产品的耐用、耐看、舒适的特质	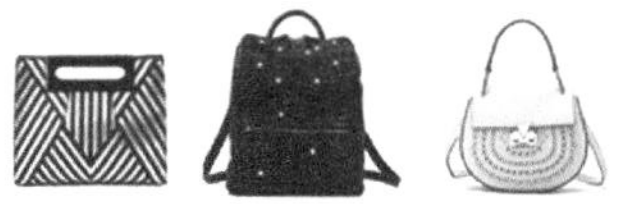	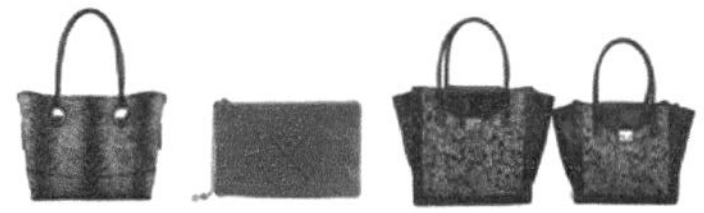	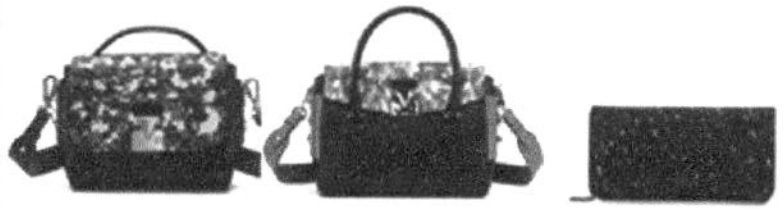
		金属条纹设计，几何穿插的视觉效果，极简方形包款； 实用功能的背包，工业效果五金装饰； 精密的镂空图案效果，淡雅的色彩，营造冷静的都市效果	仿真动物纹理图案，温暖逼真； 动物剪影贴皮装饰，俏皮形象， 夜间效果的自然花卉，透露出别样的自然风格	电脑绘画图案效果，颗拉微凸效果，搭配通勤包型； 点彩手法图案效果拉链包，符合艺术主题
Artmi	秉承“无龄感”的网络品牌，对童话故事情有独钟，致力于手工原创及天马行空的趣味创意	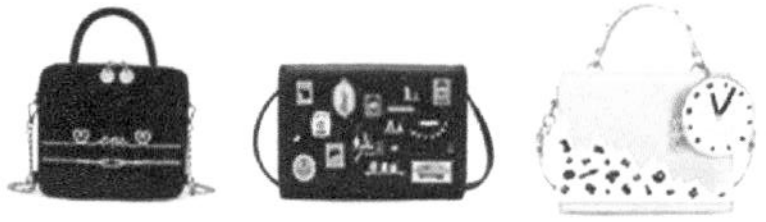	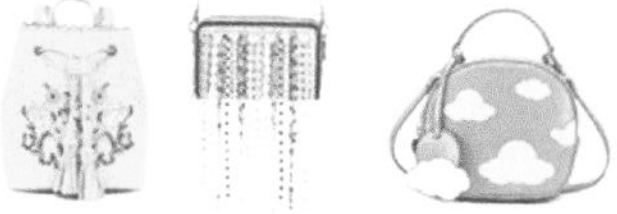	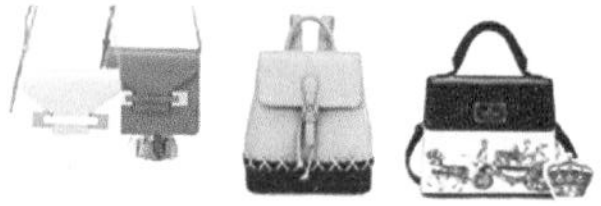
		个性箱型包，搭配刺绣心电图，俏皮时尚； 图章元素丝印，展现都市生活的点点滴滴； 精密的电脑工艺将数字错落缝贴在包身上，让人仿佛坠入时间的长河	蓬勃绽放的自然花朵在精湛刺绣工艺中表现的惟妙惟肖； 浪漫的蕾丝花卉垂坠，精仿的编织纹理打造自然的田园包款； 丝印工艺、浅蓝的材质，营造晴朗的自然天空场景，愉悦而生动	灵动的流苏，经典的方形包，打造现代波西米亚风格； 穿绳工艺，手作灵感，给包款增添工匠主义精神。 手绘素描插画的艺术手法，增添故事性

图2-1-3　国内箱包品牌产品主题性分析

与走秀图，见图2-1-4。同时，箱包产品作为服装品牌里的配饰产品，通常可以为服装款式进行配搭。调研者结合CHANEL 2017春夏未来科技主题，确定该款产品的设计创意点为数字时代的高科技，对应的秀场背景布置成以硬盘网线为背景的大数据库（图2-1-5）。

图2-1-4　2017春夏CHANEL Ladyboy系列　　　　　图2-1-5　2017春夏CHANEL

从其他网络平台查询则可得到更丰富的产品信息，但并非所有款式都齐全。仍以CHANEL为例，在购物平台Farfetch 的PC端www.farfetch.cn网站及手机端APP可以获得更详细的商品描述、更详细的尺码、成分与护理，同时配有模特上身效果图、产品各个角度的细节图，更有利于全面了解产品（图2-1-6）。

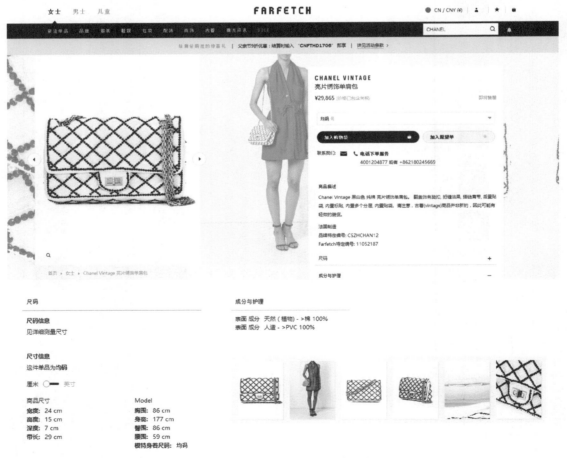

图2-1-6　购物平台Farfetch上的香奈尔产品介绍

2.整体产品的调查与分析

事实上，仅仅获得单款产品的信息是不足以作为设计开发用的调研资料的，调研者需要通过各种渠道尽量收集齐一季的产品来进行详细分析。以香奈尔2016/2017秋冬产品为例，调研者从色彩、物料与工艺、设计手法及五金角度做了针对性分析。

分析可知2016/2017秋冬CHANEL产品主要色彩为经典黑色、深蓝、红色，绿色系逐渐突出，橙黄色系则为常规辅助色系，而粉红色是本季的时尚点缀色（图2-1-7）。物料以各种粒面效果的羊皮、牛皮为主，名贵皮革则使用了鳄鱼皮、蜥蜴皮、蟒蛇皮、珍珠鱼皮等材料（图2-1-8）。五金扣件切合主题，以多种复古标志旋锁为主，重点是品牌标识的重复使用（图2-1-9）。丹宁、罗纱、软呢、罗缎等服装材料一直是香奈尔品牌产品的特色，通过在这些材料上运用刺绣、编织、印花、拼接等工艺呈现多种表面效果，以及手工感线迹、绑带装饰、主题性特殊造型结构等设计手法完整构成本季产品（图2-1-10）。

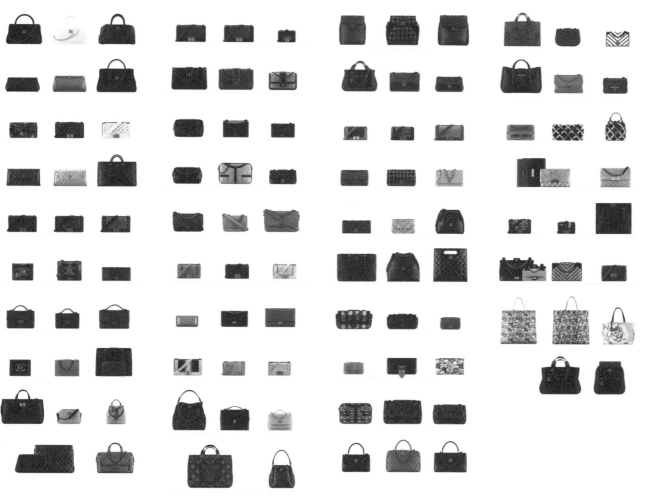

图2-1-7　CHANEL-2016/2017秋冬商品色彩分析

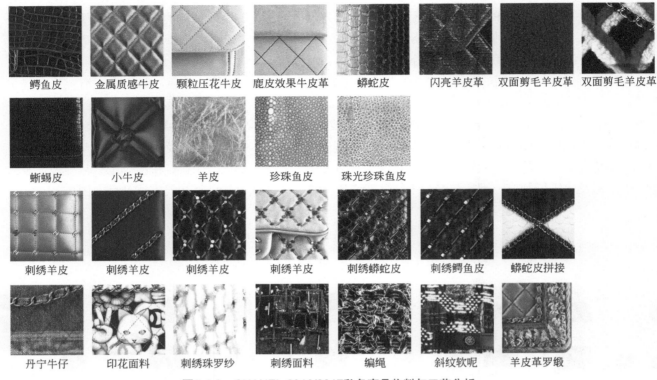

鳄鱼皮	金属质感牛皮	颗粒压花牛皮	鹿皮效果牛皮革	蟒蛇皮	闪亮羊皮革	双面剪毛羊皮革	双面剪毛羊皮革
蜥蜴皮	小牛皮	羊皮	珍珠鱼皮	珠光珍珠鱼皮			
刺绣羊皮	刺绣羊皮	刺绣羊皮	刺绣羊皮	刺绣蟒蛇皮	刺绣鳄鱼皮	蟒蛇皮拼接	
丹宁牛仔	印花面料	刺绣珠罗纱	刺绣面料	编绳	斜纹软呢	羊皮革罗缎	

图2-1-8　CHANEL-2016/2017秋冬商品物料与工艺分析

复古风LOGO旋锁

复古风方形LOGO锁

装饰性LOGO五金

功能性LOGO五金

图2-1-9　CHANEL-2016/2017秋冬商品五金件分析

表面装饰：刺绣钉珠   表面装饰：链条装饰   表面装饰：拼接

表面装饰：服装面料再创意

表面装饰：绑带造型   表面装饰：创意印花   表面装饰：羽绒服效果   表面装饰：手工感线迹   结构装饰：特殊造型

图2-1-10   CHANEL-2016/2017秋冬商品设计手法分析

第二节 ▶ 研发体系和设计企划流程

科学合理的流程不仅可以协调各部门的工作，而且可以通过设置关键节点来控制进度，提高设计效率，并灵活调整原有计划。整个设计规划流程划分为平行的产品设计开发需求模块和设计资讯模块，产品设计规划的执行流程则分为开发部门和采购部门的工作执行模块。

一、企业的研发体系

自主品牌企业通常有较为庞大的产品研发体系。箱包产品既可能是独立的箱包品牌的产品，也可能是服装品牌或鞋靴品牌的配套产品，所以在整个企业的研发体系中，箱包产品策划与整个企业的品牌规划有整体系统的关系。根据企业本身的情况，可以分为有自有工厂的企业和依靠外协工厂的企业。设计研发是企业品牌的命脉所在，不管是哪种企业，均有自己独立的研发体系。

图2-2-1为典型的多品类服饰品品牌研发系统。通常，由企业研发副总裁管理企业内部或外协的趋势研究中心，根据国际流行趋势、本品牌的产品和消费者调研结果发布《品牌趋势手册》和《产品开发手册》。目前，中国箱包企业的产品开发多由外协开发系统和自主开发系统分别执行。其中外协系统主要是采用买手加OEM或ODM的模式，采用扁平式管理，多以采购下单数量进行绩效考核；买手的采样水平和修改能力以及外协工厂的设计能力决定了该部分产品的设计水准，该系统的原创设计要求较低，设计开发的投入较少，且产品的主要竞争力偏重于成本优势。

自主开发系统箱包产品的原创设计人才比较缺乏，自主开发系统的设计团队多采用矩阵式管理，产品经理根据研发任务组合设计团队人员进行研发。由于目前教育系统培养的设计师对箱包工艺技术了解较浅，在开发前期需要"技术交底"培训，以确保设计方案的可行性，内容包括对本企业生产品类、技术优劣势和成本方面的了解；同时，需要制版部门和原材料采购部门进行全程合作。采购部门负责即时收集市场流行的新面辅料及品质监控鉴定，并配合设计部门设计开发原创五金材料。

原创产品研发流程大致分为灵感构思及开发准备阶段→设计图稿阶段→制版和样品制作阶段→样品评审和订货阶段→订货发布下单→产前样确认→产品生产出货上市→终端推广工作阶段。其中，产品评审的分级评审十分重要，不同开发目的的产品应使用不同的评审标准。对于品牌形象产品应侧重于该产品是否体现本品牌的定位、风格、趋势引导性和原创性，而对于主销产品的评审则应侧重于用户需求和最佳性价比。产品评审人员由产品经理、终端一线的的销售人员、典型消费群体和加盟商构成，以确保产品的适销性。但是这些人员虽然比较了解目前市场需求，却多不具备前瞻性，所以需要趋势中心和设计部前期对其进行培训。

另外，随着互联网时代对于用户体验的重视，驻店设计师也成为设计人员直接了解用户需求的重要渠道，店铺同时包括实体店和网店，如何做好线上线下的店铺品牌形象也成为企业视觉传达设计部门的核心任务。

二、产品设计开发执行计划

产品设计开发执行计划由"产品设计需求"和"设计信息资讯"构成。它主要涉及市场部门、商品部门、设计部门和企业品牌部门，是设计企划和创意的落地实施阶段，该计划的科学性和合理性将决定产品设计的实现度，见图2-2-1。

（一）产品设计需求

产品设计需求通常由企业的市场部门提供基础的销售目标、订货会及上市计划并送给商品部门，由商品部门与设计部门协商后转化为具体可执行的产品开发需求表单、样品终审、订货、下单等时间表。产品开发需求由形象产品、促销产品和主销产品组成。

1.形象产品

形象产品代表企业的原创开发能力，以塑造独特的品牌形象为主要目的，满足品牌宣传形象拍摄和橱窗陈列的需求。形象产品要求设计含量高，以国际流行趋势和本品牌企划部门拟定的当季品牌主题为设计灵感来源。该类产品基本上采用配货为主，成本限制较低而加价率较高。由于此类产品设计含量高但销售数量较少，企业通常指定品牌主设计师精心设计，或通过委托设计能力较强的设计公司进行设计。

2.主销产品

主销产品是企业生存发展的主要支撑产品，以本品牌历年的销售数据为核心，参照学习品牌和竞争品牌的销售情况，结合目标市场的发展愿景进行周密的规划和设计。主销产品注重经典款的延续和畅销款的积累，有符合品牌风格的设计点并位于企业产品线的核心价位段，必须由主力设计团队设计执行。

3.促销产品

反映企业的市场敏感度，以快销增加品牌普及度为目的，满足市场营销部门的年度节庆促销活动的需求。促销产品要求物美价廉，设计含量较低，以跟随市场即时流行为主，由于单品加价率低而依靠销售数量赢利，这类产品通常为通勤款式，材料普通，工艺简单。

产品开发需求表单的基本信息必须包括年度、季节、品类、子类（依照企业内部规定的各类包型）、成本价格段位（尤为重要），以及所需产品在各个占位段的具体数值和开发小组分工，见表2-2-1、图2-2-2。

（二）设计资讯模块

产品设计开发需要大量的设计信息作为基础，主要来源分为上年度对应季畅销或滞销产品分析报告、在销售终端及供应商处采集的样品实物，以及来自国际流行趋势机构和国际一线品牌产品引导的图片资讯。

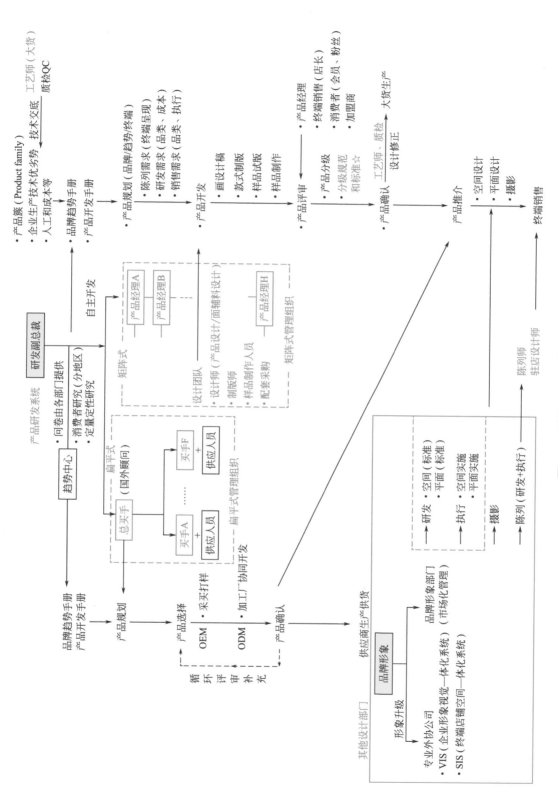

图2-2-1 箱包企业开发体系

表2-2-1 产品开发需求表

子类	占比	零售价成本										
手拎包	%	款色数	%	%	%	%	%	%	%	%	%	%
肩背包	%											
手拎斜挎两用包	%											
手拎肩背斜挎两用包	%											
单肩斜挎两用包	%											
斜挎包	%											
双肩包	%											
手抓包	%											
手抓肩背两用包	%											
合计	100%											
开发任务分配及汇总		设计一部	SKU		设计二部	SKU		外协部门	SKU	各色数字标注		

注：此处SKU数为订货会需求SKU数，设计需放大20%进入最终评审

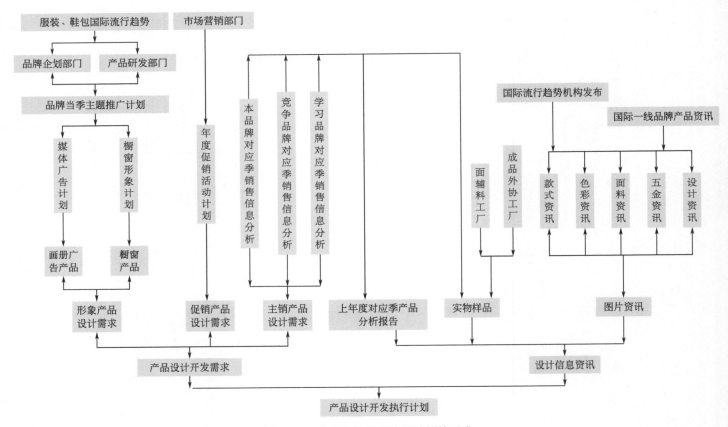

图2-2-2 产品设计开发执行计划的形成

1.产品分析报告

通常由商品部门提供产品分析报告，要求简明扼要且图文并茂。通过分析上年度相应季节的产品销售情况，在甄别其他与设计无关的信息之后，提取出本品牌畅销款和滞销款的原因，供设计开发部门参考。如什么色系较为畅销，什么色系库存严重，消费者对箱包品在物料、使用功能上的反馈信息等。商品部门通过对学习品牌和竞争品牌的畅销款分析，对设计开发部门提出明确的产品开发需求，必须明确到具体的箱包款式、色彩、面料、纹样、五金的需求。

2.样品实物

样品实物包括由商品部门、市场部门及设计开发部门从目标市场终端采购的畅销款式和供应商新开发的箱包样品、面辅料色卡和五金样板等。样品实物可以提供直观的款式、工艺等信息，便于设计师解剖分析和改进设计。物料是箱包设计的物质基础，物料的色彩、肌理和质量决定了设计的基本方向，而物料与五金的价格也决定性地影响到箱包成品的成本。

3.图片资讯

图片资讯主要来源于趋势机构、专业书籍和网站。箱包较为权威的趋势发布机构有意大利每年两次的琳琅佩利展会和米兰箱包展会，还有WGSN等权威服装配饰趋势网站发布的国际流行趋势。而权威的箱包专业书籍有《COLLEZIONI ACCESSORI》《CLOSE-UP BAGS》《AMICA ACCESSORI》《VOGUE ACCESSORI》《L'OFFICIEL ACCESSORES 》等，POP、蝶讯网等中国服装类资讯网站也提供了大量的箱包资讯。近年来，各类品牌官网和购物网也是设计参考资讯的主要来源之一。

第三节 ▶ 设计灵感与创意

灵感是人们思维过程中认识飞跃的心理现象，也就是新的想法。它的产生具有随机性、偶然性，是创造性思维的结果。设计灵感就是在产品设计过程中，通过对设计需求和设计信息资讯的挖掘提炼、开发转化出的设计构思。

设计的灵感来源十分丰富，自然元素、人文艺术、人造物甚至人类的情感等，均可成为设计师的灵感来源。作为箱包设计的灵感来源则越直接、越可视化，就越容易被消费群体接受和认知。为了在设计过程中便于沟通，在产品推介时便于传播，企业的设计部门通常会拟定设计大主题和小主题。具体包括每季推出什么主题，细分为几个小主题系列，每个系列设定几个箱包款式，款式、色彩和物料之间如何呼应，并细化到设计计划、设计手法、设计方案等。

时尚箱包产品的设计灵感受到国际流行趋势的影响和引导，国际流行趋势是国际上一些流行预测权威机构参照历年来的流行情况，结合流行规律和行业内主导品牌的主推产品，从众多的流行提案中总结出下一季的预测结果。它经过专业研究并结合长期积累的经验，代表了一个时期内社会或某一群体中广泛向往并流行的生活方式，是一个时代的表达。

一、流行趋势与解读

箱包产品作为服装配饰，它的国际流行趋势发布的内容通常与服装国际流行趋势保持一致并进行搭配性补充，具体内容包括色彩趋势、物料趋势、款式趋势和趋势主题。它最终通过消费者的集体选择形成真正意义上的流行。

1.色彩趋势

色彩趋势一般按照色调或者色彩主题来发布，为了更直观地传达色彩感官，趋势文件中必定有相应的图片和文字来详细描述这些色彩的来源，并标注国际通用的标准PANTONE色卡号。这些色彩趋势直接影响物料的开发，各个物料开发公司结合自己在工艺技术上的优势来选用这些色彩，并将其物化为可使用的皮革或纺织品。例如2017/2018秋冬，琳琅沛丽就推出了五个色彩系列（图2-3-1）。2017/2018秋冬，通过颜色和材料探索新的时尚视野，色调和表面的意外变化被用来表达新的感觉，尝试从一个领域去融合另外一个领域，来持续性地颠覆传统规则和突破边界。如图2-3-1所示，左上色板强烈鲜艳的色彩能量使暗沉的气氛更有趣；右上和右中使用遮蔽和透明度方式，在柔和微妙的灰色中创造出光雾色调中的模

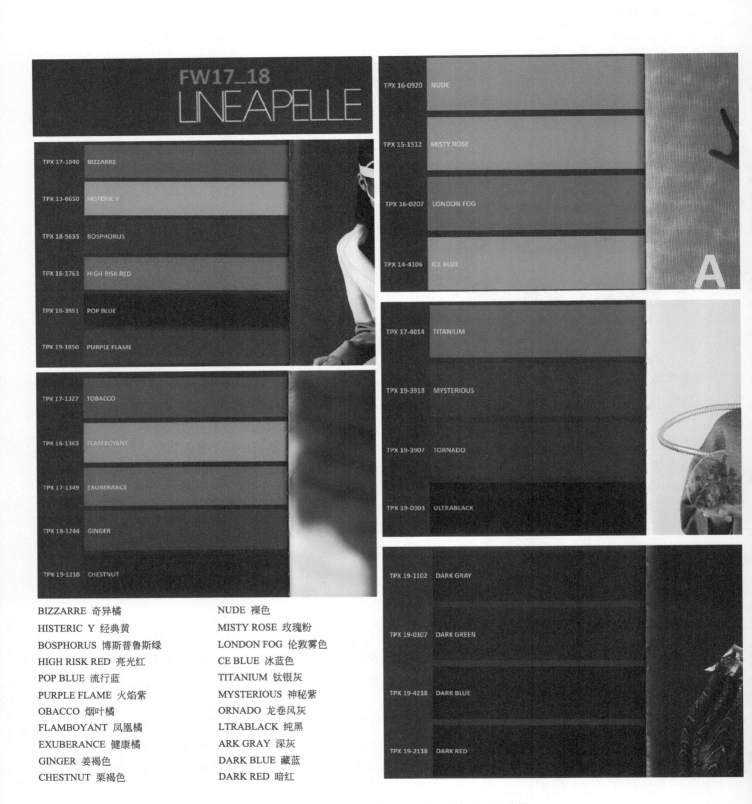

FW17_18
LINEAPELLE

TPX 17-1040	BIZZARRE
TPX 13-0650	HISTERIC Y
TPX 18-5633	BOSPHORUS
TPX 18-1763	HIGH RISK RED
TPX 19-3951	POP BLUE
TPX 19-1850	PURPLE FLAME

TPX 17-1327	TOBACCO
TPX 16-1363	FLAMBOYANT
TPX 17-1349	EXUBERANCE
TPX 18-1244	GINGER
TPX 19-1218	CHESTNUT

TPX 16-0920	NUDE
TPX 15-1512	MISTY ROSE
TPX 16-0207	LONDON FOG
TPX 14-4106	ICE BLUE

TPX 17-4014	TITANIUM
TPX 19-3918	MYSTERIOUS
TPX 19-3907	TORNADO
TPX 19-0303	ULTRABLACK

TPX 19-1102	DARK GRAY
TPX 19-0307	DARK GREEN
TPX 19-4218	DARK BLUE
TPX 19-2118	DARK RED

BIZZARRE 奇异橘
HISTERIC Y 经典黄
BOSPHORUS 博斯普鲁斯绿
HIGH RISK RED 亮光红
POP BLUE 流行蓝
PURPLE FLAME 火焰紫
OBACCO 烟叶橘
FLAMBOYANT 凤凰橘
EXUBERANCE 健康橘
GINGER 姜褐色
CHESTNUT 栗褐色

NUDE 裸色
MISTY ROSE 玫瑰粉
LONDON FOG 伦敦雾色
CE BLUE 冰蓝色
TITANIUM 钛银灰
MYSTERIOUS 神秘紫
ORNADO 龙卷风灰
LTRABLACK 纯黑
ARK GRAY 深灰
DARK BLUE 藏蓝
DARK RED 暗红

图2-3-1　2017/2018琳琅沛丽秋冬皮革色彩流行趋势

糊感；左下和右下两个色板配搭，演绎一种冬天黑夜感觉的深黑色调，是有渐变的不同程度的黑，极度的暗色会给人中性的感觉，搭配紫红色或橘色反光面料带来温暖质感。

2.物料趋势

箱包物料涉及真皮、人造革和纺织品等，但通常在趋势中以新型真皮物料为主要导向，人造革材料则模仿真皮材料的肌理和质感来制造。物料趋势则以材料的视觉及触觉为主要依据来分类推广并辅以简单文字描述。如图2-3-2所示，2017/2018秋冬物料流行趋势，素色细纹理皮革是时尚单品必不可少的材料之选，色块构造和简化的设计细节采用对比色或磨光金属配件，凸显新颖的现代感，常应用于女士日间包袋。金属色皮革能展现柔和的女性化外观，纯正的金属色调和深粉蜡色是这一静谧趋势的核心，应用于女士派对手拿包和小款手提包。桃绒麂皮经过磨光打造了柔软的天鹅绒手感，常应用于男女休闲包袋款式。在蛇皮材料上利用油彩、印花和涂层工艺凸显蛇皮的天然纹路，或在上层覆盖兽皮设计，常用于女士日间包袋、晚装包袋、小型皮具和饰边。

图2-3-2　2017/2018秋冬物料流行趋势

3.款式趋势

国际流行趋势对包型款式也有较明确的引导，这些款式通常源自国际一流品牌在发布秀上的作品。当多个引领行业前沿的品牌共同推出相似的产品风格时，或是受到相关艺术设计领域的流行倾向影响而出现新奇的产品风格，敏锐的时尚观察者就会提取这些产品款式并将其分门别类成几种款式趋势。例如2017/2018秋冬的流行趋势认为，正式手提包是时下必备包款，优雅造型适合各种场合，手提包呈正方形的造型，包型结构坚固，采用接档和信封式门襟设计。休闲托特包融合购物包的设计元素，其横向结构

正方手提包

亮点：正式手提包是时下必备包款，优雅造型适合各种场合。

新元素：这款手提包是正方形，而不是长方形。包型结构紧固，采用搭扣和信封式门襟设计。

横向托特包

亮点：休闲托特包相比上一季更加简洁时髦，除了适合日常使用，其造型也展现一种端庄感。

新元素：托特包融合购物包的设计元素，其横向结构变得更宽更浅。

长方斜挎包

亮点：近几季，人气飙升的斜挎包在2016/18秋冬季成为必备造型。

新元素：这款包袋采用极简的细节设计，抛开不必要的装饰，并呈现直立的长方轮廓。

迷你公文包

亮点：这一现代单品顺应迷你包袋趋势，展现新潮的端庄感。

新元素：新款的手提包具备多功能元素，小巧完美的造型采用如行李锁的金属闭扣。

图2-3-3　2017/2018秋冬款式流行趋势

变得更宽更浅，相比上一季更加简洁时髦。迷你公文包则顺应迷你包袋趋势，展现新潮的端庄感并具备多功能元素，小巧完美的造型采用如行李锁的金属闭扣，如图2-3-3所示。

4.趋势解读

国际流行趋势在全世界范围发布，它通过影响箱包的物料开发行业来形成箱包产品在市场上的流行。但是，每个品牌在进行产品规划时会根据目标消费市场的具体情况选取适合自己的内容进行深化。首先，可以提取目标消费市场可接受的趋势色彩和物料并将两者结合形成本品牌的"趋势物料"；然后，选择可参考的款式和五金要素做形象产品规划。值得注意的是，欧美国家发布的国际流行趋势和中国市场的接受程度有一定的时间差，所以把握对趋势元素使用的准确度尤为关键。需要长期关注国际流行趋势，对其演变和发展有所了解和感悟，才能深入准确地解读流行趋势，把握关键信息和方向，针对自身品牌吸收消化并发挥有效作用。以色彩为例，关注2016/2017秋冬、2017春夏、2017/2018秋冬的流行趋势色彩演变过程，可见红色系自2016/2017秋冬的浓郁醇厚，演变至2017春夏怀旧色调，且更丰富，比例更大，2017/2018秋冬红色变少，但更华丽鲜润，呈现温暖色泽，见图2-3-4。

二、品牌主题与产品主题

品牌主题是基于品牌历史、品牌资源、品牌个性、品牌价值观和品牌愿景等背景，结合该品牌在下季希望传达的内容而推出的，包括品牌推广大主题和产品系列小主题。设计人员根据这些主题开发产品，然后通过新品发布、媒体广告、画册及橱窗起到传递品牌形象的作用。

主题的作用是引导和深化构思，表现造型风格，传达设计内涵，主题的拟定给设计师指引方向并确定具体的设计灵感，便于品牌风格的延续和保证各团队在设计风格上的一致。品牌推广主题需要企业的品牌部门拟定提案，并与企业高层和设计部门研讨确定如何针对主题规划、设计和执行各季的形象产品。

图2-3-5是某一品牌2017/2018秋冬产品设计开发主题之一，即"万物生长"。此主题探讨人与自然的

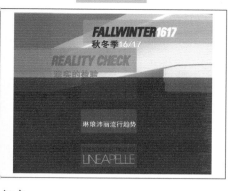

2016/17秋冬 | 2017春夏 | 2017/18秋冬

红色 2017春夏呈现怀旧情怀；2017/2018秋冬将演变的更华丽鲜润的暖调色泽，传达出自信前卫的色彩信息。

警示红 TPX 18-1561	火烈鸟红色 TPX 17-1740/18-1741	亮红色 TPX 18-1763
漆红色 TPX 19-1555	伦巴舞红 TPX 19-1652	姜褐色 TPX 18-1244
	暗红色 TPX 19-1718	暗红 TPX 19-2118
	红赭石 TPX 18-1442	

橙色 2017春夏橙色系偏向黄色系，温暖柔和，2017/2018秋冬趋向鲜艳饱和，且丰富多彩，橙色成为关键。

火烈鸟色 TPX 16-1450	刚果黄 TPX 16-1150	烟叶橘 TPX 17-1327
		凤凰橘 TPX 16-1363
		健康橘 TPX 17-1349
		奇异橘 TPX 17-1040

图2-3-4 2017/2018秋冬趋势色彩演变分析

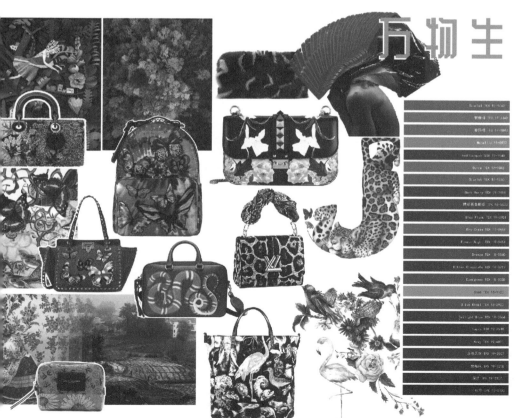

万物生长 GROWTH OF NATURE

本主题探讨人与自然的关系，提议沉迷于虚拟世界的人们多与大自然亲近。天地之间，万物生长。尘世初心，灵感源头。选择审视自然的新视角，俯视大地或仰视天空；流连荒野和乡村，探寻自然的狂野天性，发现原生态的不完美之美。秋季浓郁的中间色调成为焦点。暖色调的红色、橙色和赭色搭配浅淡、冷调的蓝色，演绎黎明和黄昏时的能量和光明。从生物生长中发现天然构造，从粗糙的原生态材料体味自然温情。不规则的图案和形态带来讨喜的触感。

——生长图案：叶脉、根系等植物的天然生长图案极具生命力。
——纹理雕琢：森林的野性为以纹理为主的设计提供材料和灵感。
——烂漫花彩：艺术处理的唯美花卉剪出不完美的廓形剪影。
——植物边缘：饰边和材质参考大自然，打造出随意的效果。
——花卉波西米亚：生长繁密的植物图案设计诠释花卉印花和野性色彩。
——奇幻森林：俯视生机勃勃的非洲森林，精美手绘演绎动物精灵。
——英伦乡村：朴素粗糙的乡村风单品设计成都市风外观。

——动物视角：精致细腻的动物图案和纹理处理在软硬材料表面。
——交织结构：大自然中的色彩和纹理为混合赋予创新的效果。
——露营实用风：各种实用细节来自于露营主题和旅风元素。
——天然迷彩：草地和苔藓式的纹理表面，打造出户外新奇迷彩。
——逃窝都市：将户外格调与日常实用性相融合，采用各种功能细节。

图2-3-5 2017/2018秋冬某品牌"万物生长"产品开发主题版

关系，提议沉迷于虚拟世界的人们多与大自然亲近。该主题主要诠释：天地之间，万物生长。尘世初心，灵感源头。选择审视自然的新视角，俯视大地或仰视天空；流连荒野和乡村，探寻自然的狂野天性，发现原生态的不完美之美。秋季浓郁的中间色调成为焦点。暖色调的红色、橙色和赭色搭配浅淡、冷调的蓝色，演绎黎明和黄昏时的能量和光明。从生物生长中发现天然构造，从粗糙的原生态材料体味自然温情。

关键物料如图2-3-6所示，源自自然、天然的大地颗粒形成全新的复合材料，土壤、沙和矿物带来近乎原生态的表面，凸显原始、粗犷的材料效果，而木纹、树叶形态和花卉为图案提供了无限灵感。如面料表面以天然构造呈现的植物和青苔图案，经过改良和加工展现出原生态表面。

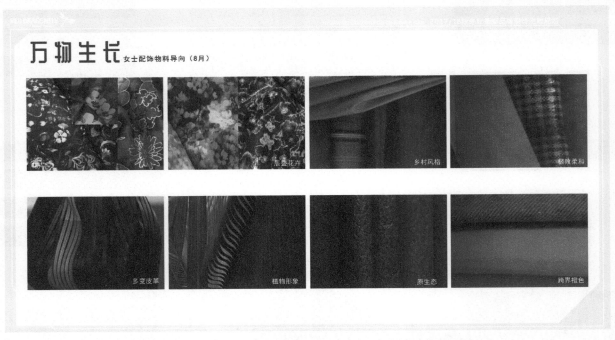

图2-3-6 2017/2018秋冬某品牌"万物生长"产品开发物料版

设计小主题系列有源自叶脉、根系等植物的天然生长图案、艺术处理的唯花卉廓形剪影、造型酷似植物边缘的饰边细节以及精美手绘的动物精灵形象等，箱包色彩融合了大地色调及浓郁的自然色调，参考秋季落叶、色彩变幻的森林、冬季浆果、根茎类蔬菜和成熟的秋季水果凸显秋季之美，橙黄色色调成为底色，犹如黎明或黄昏，彰显大自然气息。而印花、刺绣等工艺结合休闲款式是本主题的设计要点（图2-3-7、图2-3-8）。

三、设计构思与氛围版

设计构思是箱包创作的重要阶段，设计师从各类素材中获得灵感，并加以选择、提炼、加工而塑造出新的箱包形象。设计构思的角度可以从设计主题、风格、功能、形态、结构方式、工艺制作、表现形式、布局组合到色彩搭配、新材料运用等角度作为切入点，多层次、多方位地触发灵感。

1.创造性思维方法

设计构思往往通过创造性思维方式进行，这种创新能力是箱包设计师必须具备的最基本的素质。创造性思维具有多种思维方式，它们各有特点和规律，同时这些思维能力是可以通过一定的方法进行训练和提升的。创造性思维能力较强的设计师善于观察捕捉生活中的各种元素，并能通过一定的表现形式将其转化为设计灵感，创作状态活跃、创新意识强。人们通常将创造性思维能力归纳为发散性思维方式、同构性思维方式、逆向性思维方式、收敛性思维方式、空间性思维方式、柔性思维方式、虚拟性思维方式、体验化情感性思维方式等，事实上这些思维方式之间的界限是模糊的，甚至是相互交叉的。

万物生长 女士配饰款式导向（8月）

图2-3-7　2017/2018秋冬某品牌"万物生长"产品开发女包元素导航版

万物生长 男士配饰款式导向（8月）

图2-3-8　2017/2018秋冬某品牌"万物生长"产品开发男包元素导航版

在箱包设计中主要用到发散性思维方式和收敛性思维方式。发散性思维是指人们以某一事物为思维中心点而进行的各种联想、想象或设想，其思维方式具有发散性的特征。主要体现为链接式线性和辐射性发散性两种基本形式。

收敛性思维又被称作聚合思维，是以某一目标为核心，在众多信息中进行选择和创造性的重组，以寻求最佳答案的思维方式。其特征是概括性和指向性，它对信息进行抽象、概括、推理、判断、比较，使之朝一个方向集中形成答案。

在确定设计主题之后，设计师在初期可以运用发散思维尽可能地进行头脑风暴来罗列设计创意点，在运用发散性思维时，要强调思维的灵活性、多角度性和多层次性，为箱包产品的创作与开发提供广阔的思维空间。但是这些思路并不都是最有价值、最正确和最理想的，因此必须运用收敛性思维来进行比较和概括，最终达成取舍。

图2-3-9是设计者从天使形象出发的设计思维构思，通过联想、正逆向思考等多种方式创意，然后结合箱包的材料和工艺考量设计的可行性和功能性细节。图2-3-10则是从抽象的"乌托邦"主题出发联想到"美好"概念，并具象化到纯洁完美的"初雪"的雪花形态。

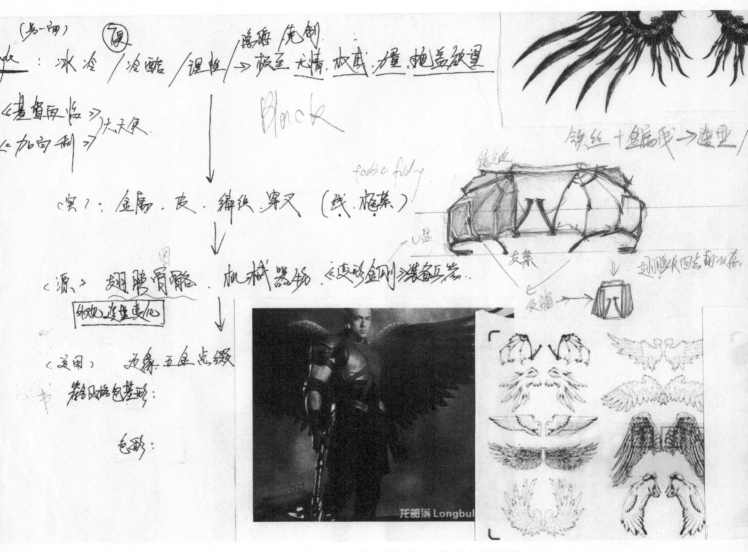

图2-3-9　以翅膀为灵感来源的设计思维方式（马珺）

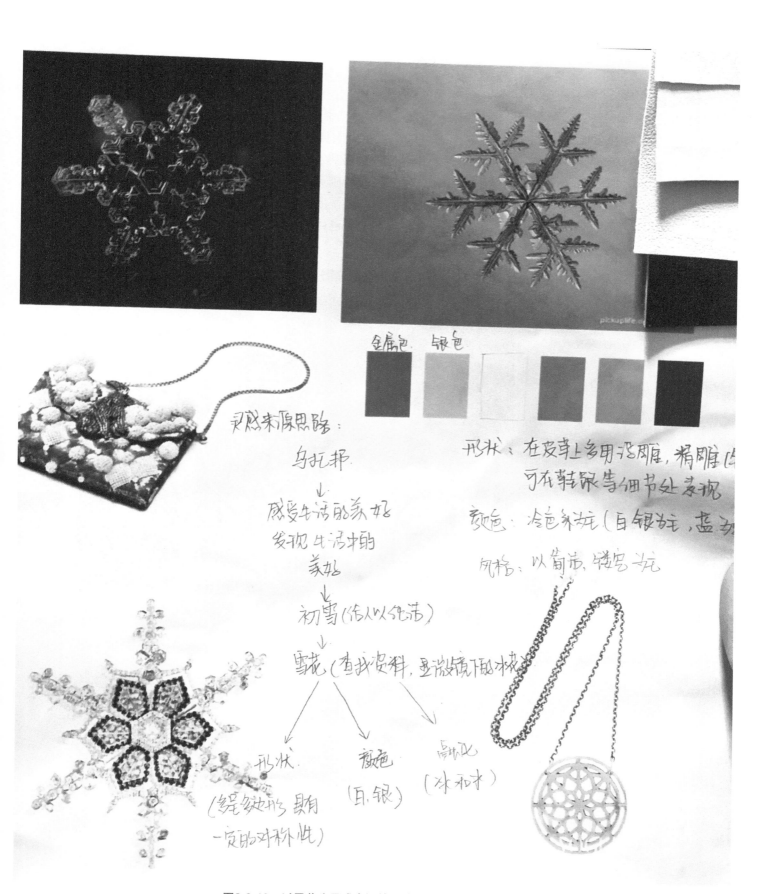

灵感来源思路:

乌托邦
↓
感受生活的美好
发现生活中的
美好
↓
初雪(给人以纯洁)
↓
雪花(查找资料,显微镜下的冰花)

形状:在皮革上多用浮雕,精雕细
可在锁扣等细节处表现

颜色:冷色系为主(白银灰,蓝功

风格:以简洁,链条为主

形状
(绕线形的具有
一定的对称性)

颜色
(瓦,银)

点缀
(冰扣材)

图2-3-10　以雪花为灵感来源的设计思维方式（钱美岑）

2.设计灵感氛围版

设计师在确定设计主题后，需要制作设计灵感氛围版（MOOD BOARD）。氛围版是设计师使用以关键文字和各种具有表现力的图片来解释主题概念的一种常用的传达工具。其内容包括设计的主题名称、关键词汇、主题故事、印象图片、色彩版。它是设计中灵感来源的产生地，所有瞬间灵感都被记录其中。

氛围版图片的来源途径有很多，设计师把收集的相关图片分类归纳，并按照设计构思的主次关系精心排版以便拓展思维，碰撞出更多的灵感。图片可以涉及抽象的感觉，也可以是比较具体的灵感图片、材料肌理图片或者产品细节图片。如图2-3-11所示，设计师可以从抽象的几何图形获得灵感来作为包袋表面切割的结构，也可以从早期的数码游戏中直接提取典型形象来设计科技怀旧感的主题产品；甚至运用刺绣等手工技艺复制来再现自然界微观中的完美形态，也可以采用科技印花工艺演绎艺术家眼中的自然景观。

图2-3-11　产品灵感来源氛围图

第三章

箱包面辅料设计与工艺

本章从材料设计的角度讲解箱包基本材料、加工工艺、原创材料的设计手法，从而了解箱包面辅料设计的知识和方法。

第一节 ▶ 箱包材料概述

材料是箱包设计的物质基础，包括面料和辅料。箱包材料的性能、材质表面和色彩决定了箱包的档次、外观、风格和造型，材料的创新推进设计的提升，创新设计又会带动新材料的研制开发，箱包材料会随着流行趋势的变化而变化。其中，箱包主料和五金决定了产品的外观，同时也是主要成本所在，而箱包内部的衬托材料则对产品的造型以及实用性有关键性作用。

由于箱包是耐用品，用于制作箱包的材料必须具有特殊强度和性能，在加工和使用过程中能够耐磨、抗拉、耐寒、耐热。目前箱包的外部主体材料包括天然皮革、PU革、PVC材料、合成革、塑料、纺织材料等，辅料包括箱包配件、里料和中间材料等。

箱包中间部件包括木浆纸板、草浆纸板、钢纸板和垫料。其中木浆纸板的密度大，抗冲击性能好，采用模压工艺能制作箱壳及衣箱的骨架部分。垫料有露华里、海绵、珍珠棉、聚氨酯纤维、PVC泡沫塑料、无纺布等。缝线包括棉蜡光线、丝线、涤纶线、尼龙线等，其中以棉线、涤纶线使用较为普遍。箱包的涂饰剂对其外观设计有重要的修饰作用，在箱包企业也称边油。边油工艺对箱包细腻、精巧的设计风格表现鲜明。

一、皮革材料

用来制作箱包的皮革材料主要有天然皮革和人造皮革，天然皮革在制作过程中因其损耗大，所制作的箱包也比较昂贵；人造革则因其物美价廉，性能好而被越来越广泛地应用。

（一）天然皮革

天然皮革是指从猪、鹿或其他动物身上剥下的原皮，经皮革厂鞣制加工后，制成各种特性、强度、手感、色彩、花纹的箱包材料。其中，牛皮、羊皮是箱包所用的基础材料，而鳄鱼皮、鸵鸟皮和蟒蛇皮等皮革则是箱包中的奢侈材料，如图3-1-1所示。

1.牛皮

牛皮毛孔分布均匀而紧密，皮面光亮平滑，质地丰满细腻，外观平坦柔润，皮板柔软、纹细，皮板

牛皮　　　　　　牛皮　　　　　　羊皮　　　　　　鹿皮

鸵鸟皮　　　　　鳄鱼皮　　　　　蛇皮　　　　　珍珠鱼皮

图3-1-1　天然皮革材质箱包

比其他皮更结实，手感坚实且富有弹性。如用力压皮面，有细小褶皱出现。牛皮种类较多，有黄牛皮、水牛皮、小牛皮等。其中小牛皮的特点是毛孔细小，分布均匀紧密，革面丰满，也适合以此为基底做各种皮革效果来形成各类箱包风格，是制作箱包的主要材料。

2.羊皮

羊皮主要有绵羊皮和山羊皮两大类。羊皮的特征是粒面毛孔扁圆且清楚，几根排成一组，排列得很像鳞片或锯齿状。花纹特点如"水波纹"状，羊皮轻薄柔软，可以用来制作十分精致的褶皱效果，制作出来的包袋花纹美观，光泽柔和自然，轻薄柔软的质感适合优雅的女性风格。山羊皮的结构比绵羊皮稍结实，所以拉力强度和耐磨性比绵羊皮好，纤维组织比绵羊皮饱满，毛孔清楚，皮质有弹性，坚实耐用，适合做中性风格的箱包。

3.鹿皮

鹿皮是梅花鹿系列产品中的一个重要组成部分，特点是柔软、结实、美观、重量较轻、耐水、孔率大、韧性足、延伸性大、抗高温、耐低温。鹿皮的手感极佳，纹路粗犷，尤其是经过岁月洗礼、长久使用后有鹅绒般的触感，是制作休闲风格包袋的上等材料。

4.鸵鸟皮

鸵鸟皮属于世界上名贵的优质皮革之一，柔软质轻、透气性好、耐磨，鸵鸟皮因天然羽毛孔圆点的突起而形成天然花纹。由于鸵鸟皮皮质中含有一种天然油脂，在寒冷的气候下不变硬、不龟裂，不易老化，且比鳄鱼皮柔软。鸵鸟皮制品也是历来被认为是品位、富有和地位的象征。

5.鳄鱼皮

鳄鱼皮革常采用腹部开剥，以保留背部骨质鳞峰的完整。鳄鱼皮制成的皮革有美丽的自然花纹，清晰而独特，但价格昂贵，属于高档材料。一般制作高档女式无带手包、化妆包、小款拎包和晚礼包等，也常用来制作高档行李箱，适合奢华中性风格。

6.蛇皮

蛇皮具有美丽的斑纹，皮板肥壮，结实牢固，张幅宜大不宜小。其中以锦蛇皮为主，其他还有眼镜蛇皮、水蛇皮等。蛇皮革原料要求鳞面完整，伤残少，无洞眼。在设计中主要制作高档的优雅精致风格的女式软质单肩背包、晚装包和小款拎包，也常用于箱包上的艺术性装饰件等。

7.珍珠鱼皮

珍珠鱼皮表面由中央向外凸起成半球状，十分坚韧，形似粒粒珍珠，反光度很好，十分奇特炫目，表面凸起的珠状，随着使用时间会越来越亮，其皮质地具有导热特质，天生具有凉爽特色。由于鱼皮尺寸有限，适合制作精致华美风格的小型包袋。

8.裘毛

箱包常用的裘毛材料有狐狸毛、羊毛、水貂毛、兔毛等，狐狸裘毛针长短不齐，毛面富有光泽，色泽混合。山羊裘革不易掉毛，毛针粗而有明显方向变化；水貂毛色泽优雅，毛长适中、触感光滑柔软，毛色丰富奢华；獭兔毛柔软而细密，光滑而细腻，因价格适中不易掉毛而被大量使用。裘毛材料触感光滑而柔软，具有较好的光泽感和丰满度，适合制作小巧贵重的高档包袋，见图3-1-2。

| 羊毛和银狐毛 | 貂毛 | 羔羊毛 |
| 河狸毛 | 马毛 | 獭兔毛 |

图3-1-2　裘毛材质包袋

（二）人造革

人造革由于价格低廉、功能良好而被箱包行业大量使用。按原材料皮革可以分为聚氯乙烯人造革（PVC）和聚氨酯合成革（PU）等。聚氨酯合成革表面完整、通张厚薄、色泽和强度均衡，在防水、耐酸碱、抗微生物方面优于天然皮革。不同品类的合成革除了具有合成纤维无纺布底基和聚氨酯微孔面层等共同特点外，无纺布纤维品种和加工工艺也各不相同，见图3-1-3。

| PU
Charles & Keith | PVC
Gucci | 超纤
Stella McCartney |

图3-1-3　人造革材质箱包

1. PU人造革

PU是Polyurethane的缩写，中文名为聚氨基甲酸酯简称聚氨酯。通常以织物为底基，在其上涂布或贴覆一层树脂混合物，然后加热使之塑化，并经滚压压平或压花的产品。其手感与真皮无异，好打理，价格较低；具有柔软、耐磨等特点，目前已大量替代真皮制作箱包。

2. PVC人造革

PVC材料全名为Poly vinyl chlorid，即聚氯乙烯。这种表面膜的最上层是漆，中间的主要成分是聚氯乙烯，最下层是背涂黏合剂。它是当今世界上深受喜爱、颇为流行并且也被广泛应用的一种合成材料。PVC具有独特防雨，高抗光耐火，抗静电，易成型的性能，可以根据不同强度、耐磨度、耐寒度和色彩、光泽、花纹图案等要求加工制成，具有花色品种繁多、防水性能好、边幅整齐、利用率高和价格相对便宜的特点。

3.超纤皮革

超纤皮革的全称是"超细纤维增强PU皮革"，是模拟天然革的组成和结构制成的塑料制品可作为天然革的代用材料。它具有极其优异的耐磨性能，优异的耐寒、透气、耐老化性能，表面主要是聚氨酯，基料是合成纤维制成的超细纤维无纺布。超纤皮革的正、反面都与皮革十分相似，具有一定的透气性，特点是光泽鲜亮，不易发霉和虫蛀，比普通人造革更接近天然革。

二、纺织材料

用来制作箱包的纺织材料有涂层织物和普通织物两大类。普通织物中，牛津布、帆布、涤纶布、尼龙布、太空网等都是制作箱包的常用织物。由于纺织品设计手法众多且工艺丰富，可以使用印花、提花等多种工艺来实现各种设计而成为箱包创意自由度比较大的一种材料，但是这些纺织材料通常要做强防水耐磨、耐酸碱等专业技术处理才可用于箱包制作，见图3-1-4。

| 锦纶 | 尼龙 | 尼龙 | 涂层帆布 |

| 丹宁 | 酒椰纤维 | 织物和网纱 | 锦纶 |

图3-1-4　纺织材料制作的箱包

箱包的织物材料中比较重要的是涂层织物，它是在纺织织物的正面或反面进行涂层，以达到防水、固纱及补强效果的箱包材料，主要通过上胶和贴胶方式实现。上胶就是在布面平均涂上一层胶水（PU/ULY/色胶），要注意防水透湿、胶面光雾度及手感的要求。贴胶是将薄膜与布贴合，主要分为PVC胶/CPU胶（即EMB胶）/TPE胶/FLEX胶等几种，耐寒低毒。其中TPE胶/FLEX胶是目前最环保的胶。

三、旅行箱材料

旅行箱历史悠久，从以收纳运送为目的的木箱、皮箱，到便携式手提箱、拉杆箱，其制作材料和工艺随着科技的进步不断改进，造型和表面装饰也随着消费者的审美需求不断变化。旅行箱按材质可分为软箱和硬箱两种，有国际规定的尺寸规格。软箱使用纺织材料制作，大多质量轻、韧性强、外观精美且可以适当调整内部空间，更适合短途旅行。硬箱具有耐高温、耐磨、抗撞击、防水、抗压的特点，其硬壳材质能保护内容物不受挤压与撞击，但缺点是内装容量固定。由于硬箱基本上是模具成型，所以材料的表面设计一般以简单造型或肌理为主。下面重点介绍硬箱的主要材料，见图3-1-5。

ABS材质　　PP材质　　铝合金

EVA材质　　PE材质　　钛合金

图3-1-5　旅行硬箱

1. ABS材质

ABS树脂（丙烯腈-苯乙烯-丁二烯共聚物）属于热真空成型，硬壳有内里，其内部的质感比较精致，箱壳表面变化多，比软箱更耐冲击。其特征是重量轻、抗压抗摔、柔韧性强，具有耐寒性、耐热性、防水性、防油性，价格便宜易清洁。

2. PC材质

PC又名"聚碳酸酯"（Polycarbonate），为非结晶性热塑性塑料，拥有优质的耐热性能、良好的透明度和极高的耐冲击强度等物理机械性能。其主要特点是轻，表面比较柔韧、刚硬，是飞机舱罩的主要材料。清洗比较方便，可自由染色。

3. PP材质

PP材质属于射出成型，里外都是同一色系、没有内里。PP材质的旅行箱开发费用昂贵，但使用年限相对较长。其所有零配件都是专用配备，无法改装。它的特色是耐冲击，一体成型，轻盈柔韧，防划、防水性佳。PP为食品级安全材料，环保无毒无味，耐高温、耐低温。

4. 铝合金

铝合金特性是耐用、耐磨、耐冲击，箱壳本身的使用年限大多可以保持在5年以上。它分一体成型或组合成型，与一般行李箱相比，价格昂贵，缺点是该材料一旦压变形就无法复原。

5. EVA材质

EVA是乙烯-醋酸乙烯共聚物材质制成的橡塑发泡材料，该材料制作的箱体面板更富有变化性，可塑造出各种造型及曲线设计，外形像硬壳箱，但是比硬壳箱轻。

6. PE材质

PE（聚乙烯）比ABS材质更轻、更耐冲击，可与软箱结合，具备硬壳箱的安全性和软箱的轻便性。唯一的缺点是一旦车缝线处裂开就无法修补。

7. 钛合金

钛合金是航空航天工业中使用的一种新的重要结构材料，其特点是强度高、耐蚀性好、耐热性高、耐低温，耐磨，韧性和抗蚀性能强，质量轻便。对于旅行箱而言，钛合金是奢侈材料。其缺点是工艺性能差，切削加工困难，在热加工中比较容易吸收杂质。

四、箱包配件

箱包配件是指具有实用功能性的零部件，主要以锁扣、挂钩、圈、包角、拉杆、脚轮等为主，功能各不相同。其中锁扣主要是起到开合包口、保证包内物品安全的作用，种类繁多，最常见的有不同材质和造型的拉链、口金及锁扣。挂钩和圈在包袋中起到的是连接包袋各个组成部件的作用，其种类可分为挂钩、勾扣、圆圈、D型扣等。包角的造型最早以立体三角形居多，以便更加有利地保护包袋正、侧、底三个面免受摩擦造成的损害，随后又出现了单面扇形、镂空

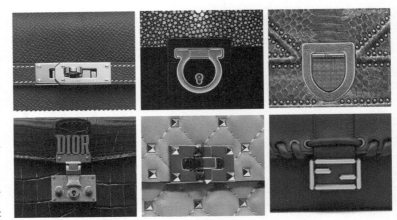

图3-1-6　各种镀金银效果的锁扣

雕刻及不同材质的包角。此外还有纯装饰配件和以装饰为主、实用性为辅的零部件，包括铆钉、蘑菇钉、商标、钉珠、挂件等，见图3-1-6～图3-1-9。

图3-1-7　拉牌设计

图3-1-8　铭牌设计

图3-1-9　挂饰设计

常规的箱包配件材质有（铝）合金、纯铁、纯铜、钢材、塑料、木头等，并结合了喷涂色彩、电镀仿金银、激光镂刻、高温烙印、拉沙、磨胶等精准工艺来制作。其中，合金配件材料轻便，强度高，不易变形，耐腐朽及腐蚀性好，可采用喷涂质量较好的涂料以增强耐用性，所以颜色鲜艳多样。但是合金配件的表面如果受损，不易进行修补。而木头材质配件肌理天然雅致，但是容易受潮变形，外膜剥落且容易腐朽。以铁为主要材质的配件因其成本低、易造型而广受欢迎，但不耐用、易生锈，且没有分量感，视觉效果比较低档。塑料配件多被用在运动包设计中，主要起到连接扣的作用，实用性功能强，色彩比较丰富，但容易受挤压碎裂。总的来说，以合金、铜、铁等为主的金属材质配件，经过现代工业社会流行的镀金、银及镂空等工艺技术的加工，可以匹配箱包整体的档次感而被普遍使用。

第二节 ▶ 箱包材料表面设计及工艺

一、皮革肌理加工工艺

由于天然珍稀皮革十分昂贵，箱包行业中普遍在牛、羊等基础皮革上进行肌理设计和加工来丰富皮革的视觉效果。人造革也通过各种加工工艺高度模仿天然皮革的肌理和性能，由此形成了各种皮革肌理加工工艺。

1. 修面工艺

将皮革粒面表面部分磨去，形成"光面皮"，特性为表面平坦光滑，无毛孔及皮纹，磨面修饰后喷涂一层有色树脂，

图3-2-1　修面工艺箱包

掩盖皮革表面纹路，再喷涂水性光透树脂，所以是一种较高档皮革。特别是亮面牛皮，看起来光亮耀眼、高贵华丽的风格，是时装箱包的流行皮革，见图3-2-1。

2.修饰工艺

修饰工艺的制作要求同修面皮革,只是皮面上的加工工艺技法繁多,以形成各种流行的肌理效果,但由于涂层较厚其耐磨性和透气性较差,属中档皮革。常见的修饰工艺有中涂后的半成革通过冲洗等工艺形成的双色工艺;中涂原膜并用机械力拉出裂纹再修饰的龟裂纹工艺;在效应层中加入金属粉,发出金光灿灿的光泽的金属效果工艺;真皮或者PU皮等材料上淋漆的漆皮加工工艺,其特点是色泽光亮、自然光洁、防水防潮、不易变形和易色迁移;在皮的表面滚上一层油蜡,然后通过折叠或压皱出现折印效果的蜡膜工艺;中涂未透时在中涂部分作暗色花纹或仿古色的仿古工艺等。另外,皮革上还可以使用特殊的印花技术来模拟自然界纹理或装饰人工纹样等工艺,见图3-2-2。

 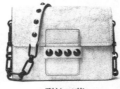 

霓虹效果　　　　　裂纹工艺　　　　　金属效果

漆面工艺　　　　　双色工艺　　　　　仿真效果

图3-2-2　修饰工艺箱包

3.压纹工艺

将带有图案的金属压花板(铝制、铜制)放在特殊的压花机里,然后把天然皮革或人造皮革单张喂进机器,在皮革表面进行加温压制出各种仿天然皮革纹理。这种工艺通常使用牛皮等常规皮革来仿制较珍贵的鳄鱼、鸵鸟、蟒蛇等皮革,或者用来改造表面损伤的皮革,一方面提升了皮革的利用率;另一方面在满足时尚需求的同时,减少了对珍稀动物的捕杀。这种工艺制作出来的皮革纹理大小可以控制,由于受到压花板尺寸的限制而导致一定氛围里的纹理会有循环重复现象;像蟒蛇纹理的微小鳞片感则需要压纹后再用刀片手工割出来,见图3-2-3。

鳄鱼压纹　　　　　蛇纹压纹　　　　　规则图案压纹

图3-2-3　压纹工艺箱包

4.剖层工艺

剖层工艺是指把厚皮用片皮机剖层的工艺,头层用来做全粒面革、修面革和成品皮等,二层经过涂饰或贴膜等系列工序制成二层革、贴膜革等,它的牢度耐磨性较差,是同类皮革中最廉价的一种。随工艺的变化也制成各种档次的品种,如进口二层皮,因工艺独特,质量稳定,品种新颖等特点,而成为目前的高档皮革,价格与档次都不亚于头层真皮。

5.绒面革

绒面革指表面呈绒状的皮革。利用皮革正面(生长毛或鳞的一面)经磨革制成的称为正绒;利用皮革反面(肉面)经磨革制成的称为反绒。利用二层皮磨革制成的称为二层绒面,多用猪皮、牛皮、羊皮经铬鞣法制作。由于绒面革没有涂饰层,其透气性能较好,柔软性较为改观,但其防水性、防尘性和保养性变差,没有粒面的正绒革的坚牢性变低,易保养性差。绒面革外观典雅大方,透气性好,但易脏且不好保养,遇到水后绒毛容易倒伏,见图3-2-4。

贴膜二层革　　　　正绒革　　　　　反绒革

图3-2-4　剖层革和绒面革箱包

二、皮革材料二次设计手法

皮革面料是箱包产品使用的主要材料，皮革面料的二次设计是指运用现有的工艺手段对其进行再创性加工，从而使表面产生丰富的视觉肌理和触觉肌理。设计人员可以充分利用皮革面料无毛边、有弹性、耐高温等特殊属性，通过加法、减法、变形法以及综合法等手法在皮革中的运用，从而形成视觉的立体感、层次美，以便提升箱包产品的表现力。经过分析和概括可以归纳为如下几种主要手法。

1.刺绣

刺绣是一种传统的工艺方法，它是在皮革面料上运用不同的针法迂回穿梭形成点线面的变化，使再造后的皮革面料具有精致细腻的装饰效果和强烈的民族文化艺术感。但因皮革面料厚度和硬度较大，皮革刺绣一般采用自动化较高的机械刺绣；且对机械和操作流程要求非常严格，一些高端奢侈品牌常使用这种精湛的工艺带给消费者奢华的体验。

刺绣包括彩绣、植绒绣、珠绣和贴皮绣等。彩绣泛指以各种彩色绣线代笔，在皮革上通过多种彩色绣线的重叠、并置、交错形成图案，皮革彩绣具有绣面平服、针法丰富、线迹精细、色彩鲜明的特点。植绒绣是利用植绒针上的勾把绒布上纤维绒勾起植于另一皮革料上，有无可比拟的牢固性和强烈的三维造型感。珠绣是以空心珠子、珠管、人造宝石、珠片等为材料，绣缀于皮革面料上使其产生耀眼夺目的效果，并增添皮革面料的高贵和华丽感。贴皮绣则将皮革面料或其他面料按图案要求剪好，贴在皮革面料上，再用各种针法锁边，形成的图案以块面为主，风格别致大方，亦可以用于修补箱包的破损处。也可在贴布与面料之间衬垫、棉花等物，使图案隆起而有立体感，见图3-2-5。

2.印花

在皮革上印图案最常见的是网版印花、转移印花和平板打印。皮革网版印花是利用丝网印刷技术，用网版制作所需要的花形图案，将皮革固定于印刷台面上，通过一个网版将所要印的颜色或化工原料印在皮革面上，达到所欲表达的颜色效果。转移印花则是将设计的花纹图案印制在转移膜上，在转移纸的反面热压，使印花图案层热熔并转移到被印皮革上。平板打印是使用印刷机喷头在柔软的皮革上面直接打印，皮革印刷机打印出的可多色印花，色彩鲜艳，层次逼真，水洗不易脱落，能防紫外线，特别适合图案比较复杂的小批量箱包产品，见图3-2-6。

图3-2-5　刺绣工艺箱包

图3-2-6　印花工艺箱包

3.雕刻

雕刻是指通过激光器发射的高强度激光，由先进的振镜控制其运动轨迹，在各种皮革面料上雕花打孔，创造线条精确，细节丰富的精美的图案。皮革雕刻可调整激光的程度，形成激透镂空和不激透线迹的效果，并结合皮革面料的底色来设计效果。通过激光控制系统的分层办法，在同一色泽的皮革面料上"激"出皮革底色，是深浅不一、具有层次感的过渡颜色。这种蕴藏在面料底色中的自然过渡色系是任何设计师都无法调配的，具有独特的、自然的、质朴的风格。但是如果激光雕刻成连续大面积镂空时，其抗张强度会急剧下降。因此，在皮革面料的镂空图案设计时要使用小面积或分散镂空，以确保皮革的功能性，见图3-2-7。

4.拼接

拼接是指同种皮革不同种颜色或不
同种皮革，根据色彩配搭原理或图案造
型需要，进行拼接缝制化零为整的设计
手法，通过其肌理的差异化体现设计感。
设计时要注意与面料质感紧密联系在一
起，如细与粗、亚光与抛光、裘皮与毛
皮等。拼接方式包括皮革镶花、砌砖拼
接立体拼接等多种方式。皮革镶花拼接
工艺通常指使用对比色或邻近色的皮革
面料进行镶拼，形成复杂的花纹图案。
砌砖拼接工艺主要适用于各类长毛或中
长毛裘皮装饰材料，通过按照一定顺序
与排列方式，对裘皮毛被和内里而进行
缝合，产生极富层次感和肌理感的视觉

图3-2-7　雕刻工艺箱包

图3-2-8　拼接工艺箱包

效果。立体拼接即围绕拼接的手法，将部件进行有意识的组合或拆分再组合而形成的一种三维立体空间
形态的方法。这种拼接可以通过规律与不规律、整体与局部等来体现。立体拼接形成的立体效果具有更
强的视觉冲击力，且能通过其设计来改变箱包的造型轮廓，见图3-2-8。

5.辑线

辑线工艺即缝线在皮革上形成线迹，可分为平缝线迹、链式线迹、锁式线迹、装饰线迹、包缝线
迹、仿手工线迹等，工艺造型中通常有点状、人字、Z形、X形、榄形、网格线等。在进行辑线设计时
还要根据各种面料的特性，结合辅料的可用性来采用辑线工艺的原理和方法，实施灵活多变的工艺手
段。设计人员使用不同色彩、材质和粗细的线在包面上辑线，可以辑出图案，也可以通过突出结构
线来加强装饰感，也可以使用较粗的线在皮革上辑出立体感极强的装饰。众多品牌使用此手法创意品
牌纹样，并形成了新的绗缝工艺。绗缝
是指在软皮革面料和里料之间加入填充
物，然后再对表面进行辑线，形成条状、
方格、菱形、波浪形等规则的几何形浮
雕图案效果，一般采用软皮革进行绗缝，
使表面形成厚与薄，凹与凸的对比装饰
效果，见图3-2-9。

图3-2-9　辑线工艺箱包

6.褶皱

在皮革面料营造褶皱的视觉效果的
方法主要有抽褶、压褶、捏褶、排褶等，
主要是改变材料原来表面的形态，增加
空间感和触摸感等。其中比较常用的褶
皱方式是将比较轻薄的皮革用橡皮筋或
折叠的方法制作褶皱，多为连贯而细小
的规律性褶皱，形式活泼，风格细腻柔
和，见图3-2-10。

图3-2-10　褶皱工艺箱包

7.编织

编织是一种传统的手工艺,它是将条状物材料互相交错或钩连而组织起来的一种手法,在皮革面料中应用广泛。通过编织后的包袋表面可以产生不同的肌理,也可以通过编织产生别具一格的图案。编织可以使皮革手感变得柔软,可以使用不同的色彩和材质进行编织,给革制品带来全新的风格,见图3-2-11。

图3-2-11 编织工艺箱包

8.压印

除了上文提到的压纹仿制天然皮革纹理的工艺外,箱包设计中常用小型带有花板(铝制、铜制)来设计制作各种图案。箱包设计人员用垫料加厚皮革后,再使用花板压印出立体感比较强的品牌纹样和品牌标识,或者在特殊的压变色材料上压印出色彩纹样,见图3-2-12。

图3-2-12 压印工艺箱包

9.加饰

加饰是指在箱包材料表面使用烫、贴、钉等工艺手法固定额外的装饰物,使其形成一定的图案,也是常用的设计手法之一。烫钻就是将各种钻组成符合一定审美标准的图形,用烫机或是电熨斗压在皮革面料上,使之形成效果精美并具有立体效果的图案。钉铜铆钉是用皮革打孔机钻出比定位配件直径更小的孔,然后敲击金属铆钉穿过眼孔,密闭后用木锤敲平,体现帅气摇滚的风格。贴花则是将各种材质的立体花卉通过缝制或粘贴固定在箱包表面,起到纯装饰作用,见图3-2-13。

图3-2-13 加饰工艺箱包

10.绘制

绘制分为手工染绘和烫烙。手工染绘是借用易着色且不溶于水的颜料在皮革表面直接进行纹样绘制。手工烫烙是通过加热的尖头烙铁在皮革表面直接书画,在浅色皮革中效果突出。因为每次手绘的图案不尽相同,这种工艺手法对绘制人员的绘画能力要求较高,能够体现独特的风格,但不适合大规模生产,见图3-2-14。

11.综合工艺设计法

在具体的箱包产品设计中,各种工艺

图3-2-14 绘制工艺箱包

手法常常会被综合使用，以形成更为复杂的视觉效果。但是，这无疑会增加物质成本和人工成本，所以综合工艺法较多使用于奢侈品。如皮革雕刻也可与电脑刺绣结合在面料上进行再加工，打钉工艺可以附加在绗缝皮革上再次强化纹样线条，如图3-2-15所示。

图3-2-15　综合工艺加工法

图3-2-16的灵感来自颓废主题的火山口造型，在皮革上烧洞，使用皮革的正反面相互衬垫形成肌理对比，并钉上小木珠装饰。图3-2-17的灵感来自莲蓬和莲子造型，在羊皮上缝线抽缩形成立体效果，中间嵌入木装饰；或用麻线绣出造型，用镂空形式塑造层次感。图3-2-18的灵感来自自然界的甲虫造型和肌理，用透明硅胶在皮革上滴出造型，加入荧光材料和小金属钉珠进行模拟自然设计。图3-2-19的灵感来自电脑线路板，在皮革上镭射出等距离圆洞，用纱线穿出线路板的视觉感。图3-2-20是将不同材质的皮革和裘皮材料根据色调和节奏感进行拼接叠加设计，形成丰富的奢华视觉感。图3-2-21的灵感来自传统的手风琴，在皮面上打褶后用红色线绕绣出造型。图3-2-22是在天然橡胶材料中加入绒线、珠片和色彩新元素进行创新设计。

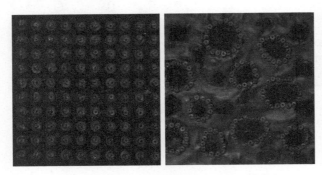

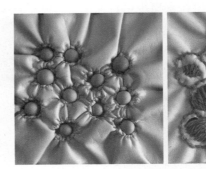

图3-2-16　综合工艺加工法（熊梦怡）　　　　　图3-2-17　综合工艺加工法（王雅宾）

图3-2-18　综合工艺加工法（徐靖益）　　　　图3-2-19　综合工艺加工法（黄桃容）

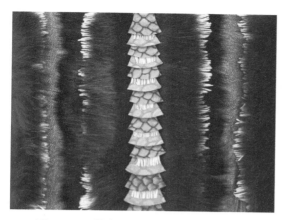
图3-2-20　综合工艺加工法（徐玉珈）

图3-2-21　综合工艺加工法（齐燕杰）

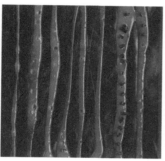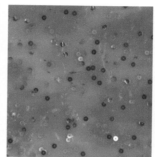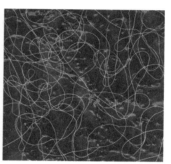
图3-2-22　综合工艺加工法（赵晓薇）

第三节 ▶ 面辅料设计流程

　　箱包设计使用到的面辅料设计方法有很多种，其中绣花、印花、雕刻工艺都需要进行图案纹样设计，本节以图案设计入手来讲解相关流程。另外，箱包的拉牌、锁扣等关键辅料设计也是箱包品牌设计的核心视觉元素，其设计流程也将一一阐述。

一、纹样设计与流程

1.纹样设计

　　纹样题材主要分为自然景物和人造物两大类，有写实、写意、变形等表现手法。设计者根据使用和美化目的，按照材料并结合工艺、技术及经济条件等，通过艺术构思进行设计。设计纹样不仅题材要新颖、艺术上要灵活变化，还要结合款式结构和工艺技术因素，这些纹样设计要注重其组织排列的形式，也适用于裁片的需要，比如图案的多方向性、裁片的图案拼接等。同时，也要结合其在产品上的位置进行设计，例如边角纹样、袋盖纹样等设计。就图案和纹样本身而言，其构图形式主要有连续纹样，单独纹样、散点纹样，单独纹样又有对称式、平衡式、中心式、自由式等。

2.散点印花纹样设计与制作流程

　　在箱包印花图案设计中，较为常用的是散点纹样和连续纹样，它们的区别在于图形元素排列的框架方式不同。散点纹样，顾名思义即由分散的图案元素按照视觉评审和审美原则布局形成的纹样；而连续纹样则是根据条理与反复的组织规律，以单位纹样作重复排列，构成无限循环的图案。由于重复的方向不同，一般分为二方连续纹样和四方连续纹样两大类。本节以散点纹样为案例讲解，其制作流程如下。

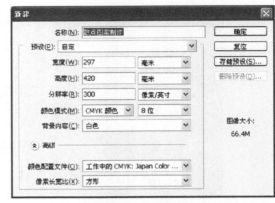

（1）新建文档：点击图标，打开Photoshop软件。点击文件菜单，选择【新建文档】选项，弹出【新建文档】对话框，输入名称，设置面板属性，大小可根据面料制版尺寸设置，单位选择"毫米"，分辨率设为"300dpi"，色彩模式选择"CMYK"。但如果图案需要用到许多滤镜特效的话，就需要选择"RGB"模式。点击确定完成，见图3-3-1。

图3-3-1　新建文档

（2）设置底图色：如果需要一个背景色，先新建一个"背景图层"将需要的色彩或者质感放到这个图层中，见图3-3-2。

（3）图案素材制作：首先将抠选好的透明底的各种图案素材分别导入文档中，制作过程中尽量分层叠放，以方便之后的修改。给图案添加融合选项或其他滤镜效果来融入画面，见图3-3-3。

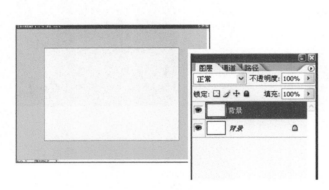

图3-3-2　建立背景图层

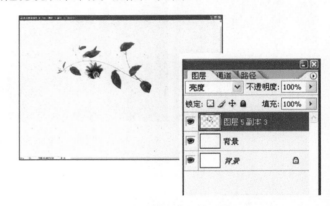

图3-3-3　素材制作

（4）元素排版：通过【自由变换】"Ctrl+T"工具自由改变图案大小和角度来形成前后层次的不同，完成图案的排版。需要注意的是，如果需要制作可以进行循环排版的图案，图片边缘尽量不要留有太多切割造成的缺损图案，否则容易出现接缝等情况，见图3-3-4。

（5）完成图案：将布局好的素材图层【合并图层】"Ctrl+M"为一个散点图案图层待用。

（6）透叠肌理：在完成图案图层后，在该图层做【正片叠底】，在其下面新建一个物料肌理层导入肌理，完成面料的虚拟效果，见图3-3-5。

图3-3-4　元素排版

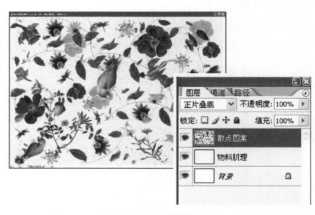

图3-3-5　透叠肌理

（7）箱包应用：将制作好的印花材料使用Photoshop（PS）技术贴入箱包线稿中。首先用矩形选框工具选择完成的散点图案面料并【拷贝】"Ctrl+C"，然后在包款线稿需要填入此面料的部位用魔棒工具选择相应区域，在【编辑】菜单下选择【贴入】"Shift+Ctrl+V"，并通过【自由变换】"Ctrl+T"把图案调整到合适大小，包款的其他部位用同样的方法填入相应的物料，整个包款就完成了，见图3-3-6。

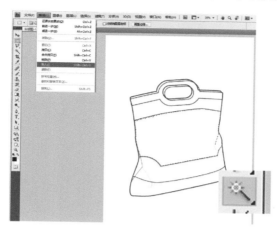

图3-3-6　图案在箱包上的应用

3.激光雕刻单独图案设计与制作流程

（1）绘制草图：草图可以是由设计师原创绘制，也可以参考现有的图案进行修改绘制，完成草图后再运用复写台绘制正稿。然后将画好的草图扫描存档，为之后的软件绘制做准备。案例中的蝴蝶是个对称的图形，所以在草图绘制时只需画出中轴线，就仅需绘制半边图案即可，图3-3-7。

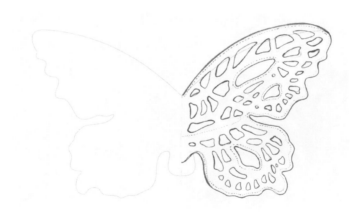

图3-3-7　绘制基本廓形

（2）新建文件：在Illustrator中新建一个文档，将扫描的手稿图片导入文档，并锁定所在图层，然后在上层"新建图层"。

（3）对称线设置：在绘制对称的图形时，必须先设置辅助线作为对称的中心线。

（4）绘制矢量线稿：使用【钢笔工具】在新图层中根据手稿描绘图案，为了方便勾图这里将线条颜色改为红色的线。

（5）镜像复制：勾完线稿之后用【选择工具】全选，使用【镜像工具】，按住"Alt"键，点击左键选择对称中心，弹出【镜像工具】对话框，选择"垂直"选项，点击"复制"，完成翻转操作。

（6）完成纹样素材：通过镜像翻转复制，使蝴蝶成为一个完整的图形，最后将线条颜色改为黑色，完成矢量线稿的制作，见图3-3-8。

图3-3-8　完整线稿

（7）制作多种方案：为了符合图案运用的需求，根据不同的制作工艺和运用地点，可以改变原设计图案的分布与形状来满足要求。比如，对于镂空和压印工艺，图案中的镂空部分的间隔距离不能过密，一般最接近的部分不能少于3mm，防止在镂空时断线破损，见图3-3-9。

图3-3-9　简化结构

（8）图案应用方案：在制版之前，需要完成有设计说明的实际制版尺寸的AI格式文件，见图3-3-10。

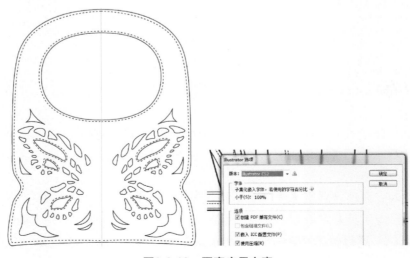

图3-3-10　图案应用方案

（9）稿件存储：为确保文件可以使用，需要存较低版本的 AI 格式文件。另外需要导出 300dpi 的 A4 大小 JPG 格式的设计正稿供打印，见图 3-3-11。

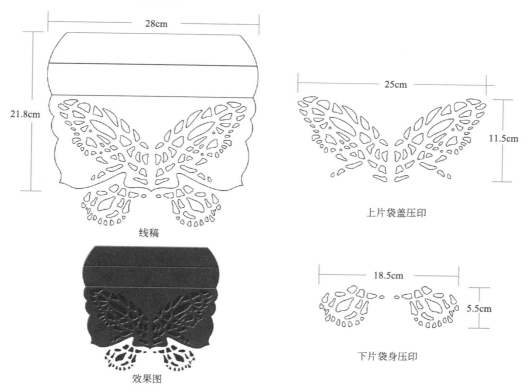

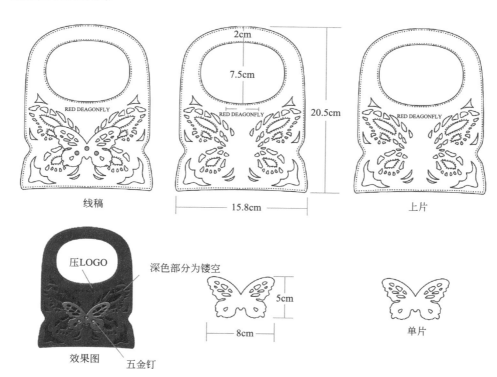

图3-3-11　导出图片格式

4.品牌纹样制作流程

（1）新建文档：点击图标，打开Adobe Illustrator软件。点击文件菜单，选择【新建文档】选项，弹出【新建文档】对话框，输入名称，设置面板属性，一般大小选择"A4"就足够了，单位选择"毫米"，色彩模式选择"CMYK"，点击确定完成，见图3-3-12。

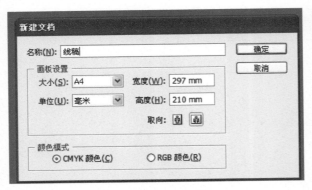

图3-3-12　新建文档

（2）元素设计：选取品牌首字母"A"为品牌纹样设计元素，使用【钢笔工具】在图层中绘制字母"A"的变形元素，见图3-3-13。

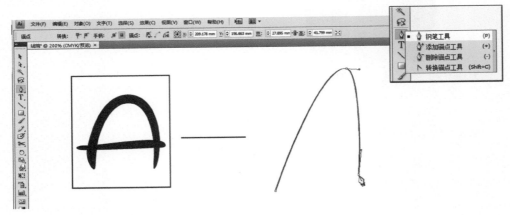

图3-3-13　元素设计

（3）以风车为设计灵感，使用【旋转工具】，输入旋转角度"−90°"，并移动到确定位置，重复旋转和移动4次，用【剪刀工具】裁剪掉多余的部分，得到风车造型元素图案，见图3-3-14。

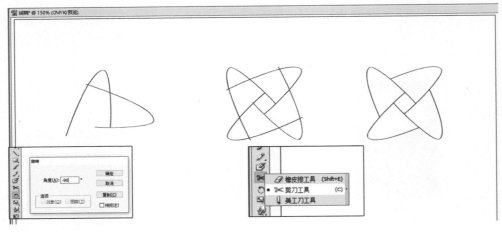

图3-3-14　风车元素设计

（4）调整描边效果为"8pt"，得到边缘较粗的完整风车图形，用【钢笔工具】勾勒出风车内部图形，并填充黑色得到图底互反的新图形，见图3-3-15。

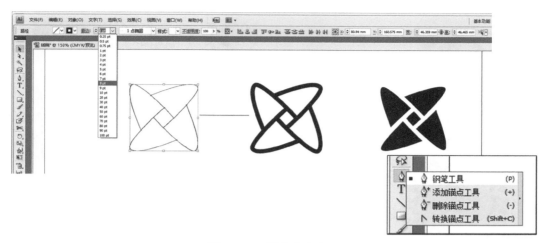

图3-3-15　风车元素变形

（5）元素排版：将选中的方案进行连续纹样设计，在【变换】对话框中输入具体实际数据进行大小设置，然后通过复制、翻转和对齐等操作，将单独的图形排列成单元组，选中单元组进行"编组"操作，方便今后的排列组合。此处将两个图形用对齐工具使其相互对齐，并移动保持需要的间距，排列成单元组，此时也可以通过【变换】对话框设置单元组的大小尺寸，见图3-3-16。

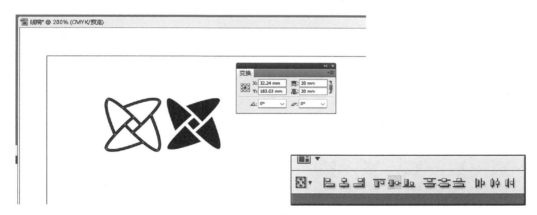

图3-3-16　元素排版

（6）精准复制：最后对单元组进行排列，一般使用等距离平移复制的方法，即选中要复制的单元组后，按"enter"键跳出【移动】对话框，在对话框的"距离"选项中输入单元组之间的距离数据，以1∶1的大小排成面料组合，完成品牌物料的设计，见图3-3-17。

（7）在移动的同时可在"角度"选项中输入水平（180或0）或垂直（90或270）来平移复制，当然也可以输入任意角度复制，然后通过复制、翻转和对齐等操作制作多种方案，见图3-3-18。

（8）尺寸标注：选择最佳方案，根据数据为设计方案标注尺寸，需要标注明确单个图形的大小，再标明总的长宽，完成标注尺寸编辑，见图3-3-19。

（9）制作工艺标注：完成精准数据的设计方案之后，需要在设计稿相应位置用文字标注制作工艺技术。比较稳妥的方式是使用软件模拟未来成品效果进行展示。

（10）导入AI线稿：打开之前勾绘好的AI线稿，框选线稿执行"Ctrl+C"复制命令，进入Photoshop界面执行"Ctrl+V"复制命令，选择弹出对话框里的【智能对象】选项，点击确定。调整线稿到适当大小，回车确定，见图3-3-20。

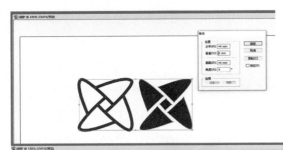

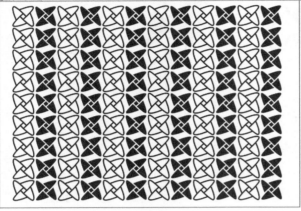

图3-3-17　精准复制

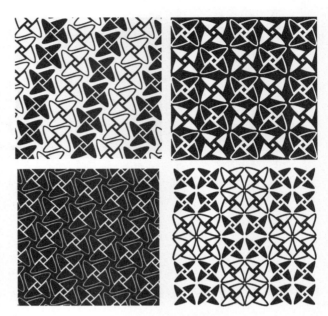

图3-3-18　方案设计

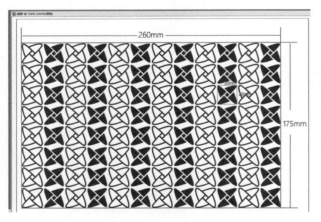

图3-3-19　尺寸标注

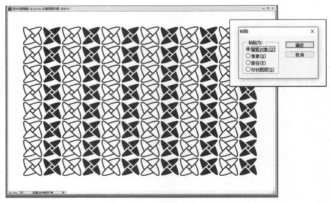

图3-3-20　导入线稿

（11）填充物料肌理：箱包里布一般采用纺织材料如棉布、羽纱、美丽绸、合成纤维布、无纺布等，首先打开里布肌理图片资料，使用【矩形选框工具】框选需要的部分，执行"Ctrl+C"复制命令，然后使用【魔棒工具】选择对应部分，执行"Ctrl+Shift+V"贴入命令，填充物料肌理，为了使视觉效果明显，可以使用图层效果，见图3-3-21。

二、配件设计与流程

1.箱包配件设计

箱包配件通常是由箱包品牌设计人员结合本品牌的标志元素、设计主题和产品特征进行设计，配件制

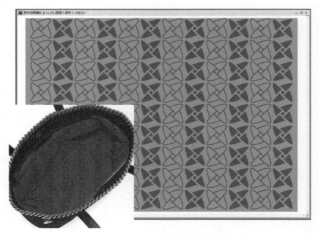

图3-3-21　里布效果模拟

造厂家根据图稿制作出手版，再选用合适的材料，用模具和加工设备冲压或压铸成毛坯，然后经过铆合、打磨、装配、电镀或其他工艺成为半成品或成品；再经过抹油、滴胶、涂饰或与其他材料整合成为精致的配件产品。

箱包配件的造型有着强烈的时代特征，不同造型所展现的箱包风格各异。小巧手包的流行带动金属口金的设计开发，而拉链的色彩、粗细变化设计也给箱包带来更加轻便时尚的风格。而不同的电镀色彩也会随着流行趋势的变化而变化，有时流行玫瑰金，有时流行做旧的古铜色。不同品牌也根据自己的品牌定位选择适合的表面效果设计。

箱包配件在箱包设计中能起到画龙点睛的作用，特别是国际品牌，十分重视配件的开发。国际上知名的箱包品牌坚持配件的原创性和系统开发，一方面在配件开发上注重品牌元素的衍生，在具体产品上形成独特的品牌视觉形象。另一方面由于开发配件通常需要模具，设计成本和制作成本投入很大，普通品牌很难做到原创的系统配件开发。如图3-3-22所示，PRADA品牌为一款经典包款研发全套五金配件，包括手挽、铭牌、圈口、挂饰和拉牌等。

图3-3-22　PRADA一款经典包的全套五金配件

2.拉牌五金设计制作流程

（1）拉牌基础形制作：打开AI软件，新建文件并设置页面尺寸，命名文件，点击【视图-显示】标尺。从页面左侧拉出一条竖向辅助线，按照实际尺寸用【钢笔工具】勾勒出半个拉牌D扣图形；选择【矩形工具】，在页面上单击调出口令框，输入拉牌长和宽数值，点击确定画一个矩形，用【添加描点工具】在左上角添加描点，并移动左顶点以达到拉牌的雏形；以矩形的中点拉出竖向辅助线，使用【剪刀工具】剪去矩形的右半部分；将半个矩形与半个D扣组合成半个拉牌，选择【镜像工具】，按住"alt"键，鼠标左键点击标尺线，出现镜像菜单，选择垂直并点击复制，图形被镜像复制成完整拉牌，见图3-3-23。

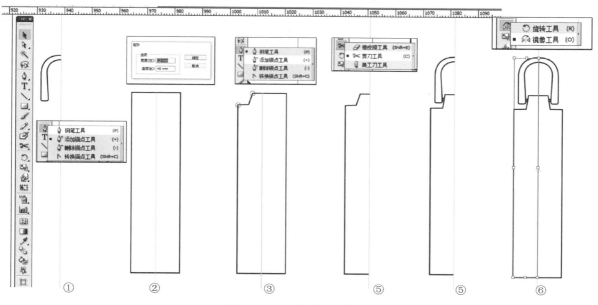

图3-3-23　拉牌基础形制作

（2）拉牌设计：设计灵感来自该品牌的首字母"T"，用【矩形工具】画两个矩形排列成T形，需要注意拉牌的制作工艺所限制的最小宽度，避免绘制的图形过细，选中这两个矩形使用【路径查找器】将其合并成一个完整的T；同样用【矩形工具】，并输入确定的数字绘制拉牌内框矩形，把原先做好的T形摆放成想要的位置，使用【剪刀工具】裁剪删除重叠部分，得到拉牌内框造型，并与之前画好的拉牌基础形组合成一个完整的拉牌，见图3-3-24。

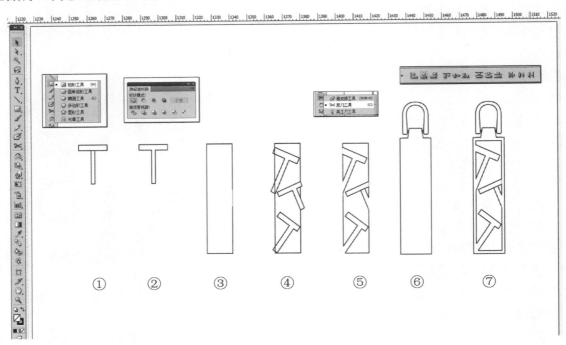

图3-3-24　完整拉牌制作

（3）尺寸标注：最后根据数据为拉牌进行尺寸标注，直接进行标注编辑即可，见图3-3-25。

（4）拉牌效果模拟：在AI中框选线稿执行"Ctrl+C"复制命令，进入Photoshop界面执行"Ctrl+V"粘贴命令，选择弹出对话框里的【智能对象】选项，点击确定；调整线稿到适当大小，回车确定；使用【魔棒工具】选择拉牌金属部分，并双击前景色打开拾色器选择银色并确定，见图3-3-26；选择【图层命令框】新建图层，找到"编辑"菜单选择"填充"，填充银色，见图3-3-27。

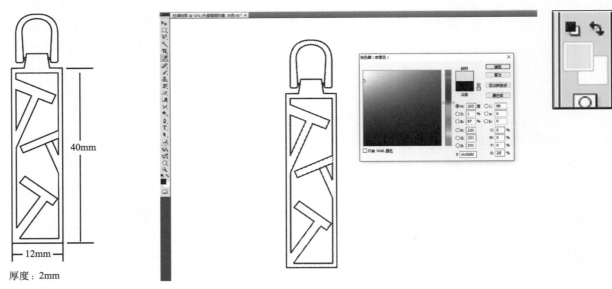

图3-3-25　拉牌尺寸标注　　　　　　　　　　　　　　　图3-3-26　导入线稿

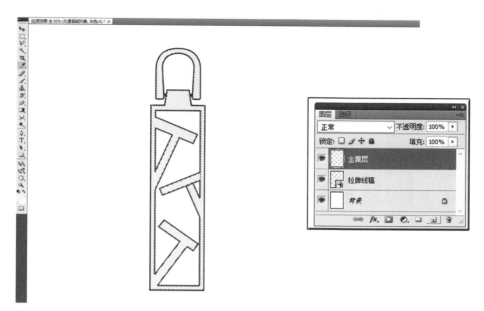

图3-3-27　填充色彩

（5）在【图层命令框】中选择填色图层，并启用【图层样式工具】，选择"斜面和浮雕效果"调出命令对话框，选择相应的效果，特别注意的是"样式"选择"浮雕效果"，"光泽等高线"选择"特定效果"，深度、大小、软化等数值按效果调整，最终绘制得到完整的拉牌效果，见图3-3-28。

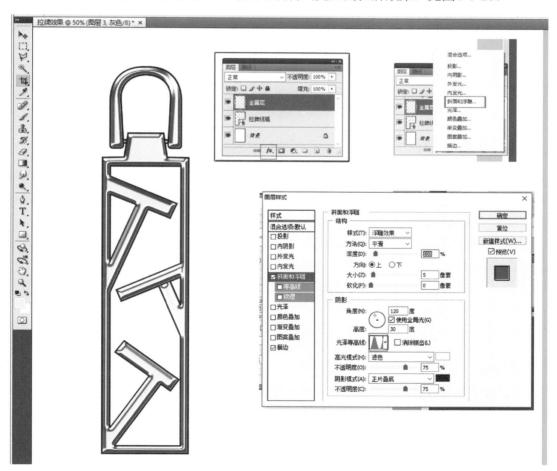

图3-3-28　拉牌效果模拟

第四章

箱包设计过程及表达

箱包设计内容包括产品款式、物料和色彩设计，本章采用设计流程方式来指导设计人员如何进行设计构思和设计表现实际操作。

第一节 ▶ 设计提案

在企业执行设计流程的时候，需要制作大量的设计提案以供评审。设计提案包括设计构思提案、产品开发提案、展示陈列提案等，设计提案以沟通讨论修正设计方案为主要目的，而非执行制作的正式方案。设计提案版面要求扼要明了、制作简便，以参考图片加设计草图形式表达意向的箱包款式、色彩物料、细节修改建议、意向成本价格以及特殊工艺要求等。设计管理及商品部门根据产品开发规划和市场需求对提案进行评审，并给出明确修改意见来最大限度地避免重复设计，以提高设计方案的有效性。

一、设计构思与草图绘制

设计师根据品牌的设计大主题，通过创意思维方法，寻找设计灵感，并把设计灵感氛围图中的造型、色彩、质感等要素提取出来，通过设计草图的方式运用到箱包设计中。草图阶段的设计构思尚不需要细化到工艺和技术，重点在于创新之处。

草图可以绘制在白卡纸、绘图纸上，常常使用水彩水粉画法、铅笔淡彩画法和麦克笔画法，不管哪种画法，都要先用铅笔或钢笔勾画款式线稿。款式线稿图是箱包设计的第一步，它可以完整地表达设计师的意图，反映出产品的结构特点。由于箱包大多是三维立体的产品，所以一般绘制3/4角度款式图稿，如有特殊结构则需单独绘制细节。如果关键设计点在包体正面的话，则以正面彩色效果图为主，再绘制正侧面图来辅助表达箱包结构。绘制线稿时要求体现透视角度，线条运用流畅有变化，用粗细线分别体现箱包外轮廓和内结构线，用直曲线体现物料软硬度，再绘制箱包材料的各种质感及光泽效果；工艺结构要表现的合理清晰，要用简要的文字说明来讲解各类设计要求。

图4-1-1是以图腾面具作为设计灵感来源的箱包设计，设计师先以各类图腾图片为灵感设计了创意面料，然后以此面料为主要材料构思设计了系列包袋，使用了麦克笔画法。图4-1-2是以竹编器物为灵感，设计者构思了竹子与皮革的创新材料，用线稿草图进行绘制，然后将其应用在三款包中，用麦克笔画法绘制效果图，用正侧面图表达造型结构。另外，箱包配件和装饰件包括锁扣、拉链、线圈等，都需要通过图稿直观地表现出来。如图4-1-3所示，设计师从图片中设计出雪花造型并转化为像融化的雪造型的金属手挽，堆积的雪花外形采用皮面切割工艺，这种构思性草图通常使用线稿加水彩形式体现（图4-1-4～图4-1-6）。

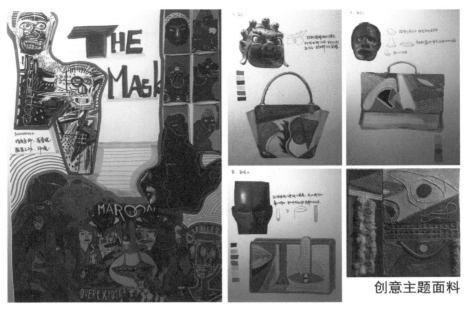

创意主题面料

图4-1-1 图腾面具主题的箱包设计手稿（邱悦）

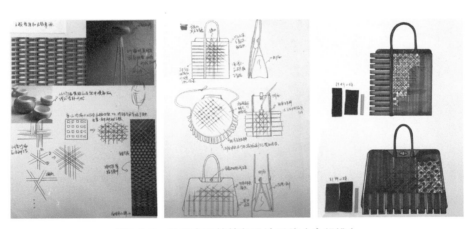

图4-1-2 竹编主题的箱包设计手稿（佘望姚）

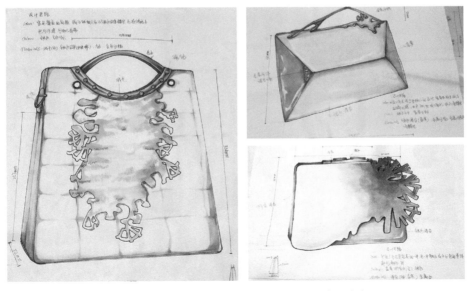

图4-1-3 以雪花为灵感的箱包设计手稿（钱美岑）

图4-1-4　以树木肌理为灵感的箱包设计手稿（黄萍萍、李瑞希）

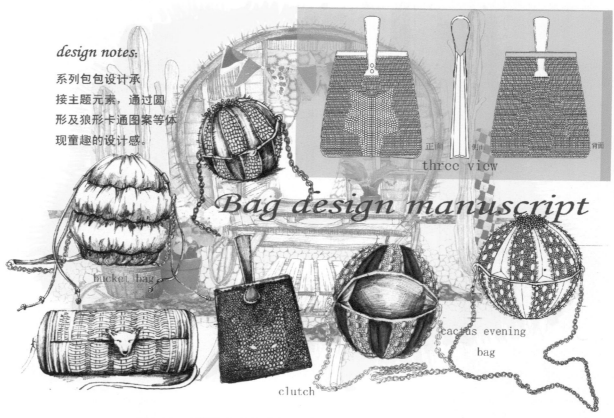

图4-1-5　以狐狸和仙人球为灵感的童趣箱包设计手稿（周丽芝）

图4-1-6　以星相图形为灵感的箱包设计手稿（郑颖）

二、款式设计与结构研究

箱包的款式设计包括外部设计和内部设计。在外部设计中除了典型的箱包结构造型设计外，主要通过局部部件设计来实现。在设计构思草图通过之后，设计师开始就提案中的具体款式进行具体细致的设计，包括各部件的尺寸、开合方式、手挽造型和五金部件等。

包袋的结构特点及部件组成是设计、制作包袋的基础，了解和掌握不同包袋的开关方式、部件组成规律、制品规格、材料、色彩、配件与整体包袋的协调、部件加工工艺及装饰手法等基本知识，是各类包袋的造型设计及制版的基础。

外部部件是指位于包体外部表面的部件，它包括外部主要部件和外部次要部件。外部部件的形态变化将直接影响皮包的造型和结构，包括扇面、堵头、墙子、包底、包盖。外部次要部件是指起辅助、补充和装饰作用的部件，如锁扣、提把、外兜、把托等，统称为零部件。

1. 外部主要部件设计

扇面是指构成包体前、后主体的部件，有时扇面与包底或堵头共同组合成一个大扇，前、后扇面也常称为前、后幅或前、后片。扇面的形态变化丰富，其造型决定了箱包的款式特征，在款式图绘制时为正反面视图（图4-1-7）。堵头是指构成包体两端的部件，堵头的尺寸决定了包体的宽窄和容积，其形状的变化对整个包体的造型影响较大，也常称为横头或侧片，只有绘制了箱包的侧面图才可以真正确认箱包的款式。墙子是指与前、后扇面连接构成包体侧面部分的部件，也常称为大身围。包底是构成包体底部的部件，它的尺寸决定包体的容积，包底可以连着扇面也可以单独存在，包底的形状对整个包袋的造型影响较大。包盖是一种封口装置，是盖式包设计的重点，可以从包盖或钎舌的宽窄、长短、造型、数量、装饰手法、功能等方面入手进行设计。

购物包

长方形扇面　　购物包　　正方形扇面

手提包

正方形扇面　　六角形扇面　　长方形扇面

斜挎包

半圆形扇面　　梯形扇面　　长方形扇面

肩背包

半圆形扇面　　梯形扇面　　长方形扇面

图4-1-7　不同前后片造型的包袋

2.外部次要部件设计

对于箱包设计而言，外部次要部件反而是设计创意的重点。不同的品牌主要是通过这些细节设计来凸显品牌特征的，例如独特造型和材质的手把以及把托，具备特殊功能的或新颖具装饰感的肩带；有品牌印记的铭牌、锁扣或挂饰等，见图4-1-8。

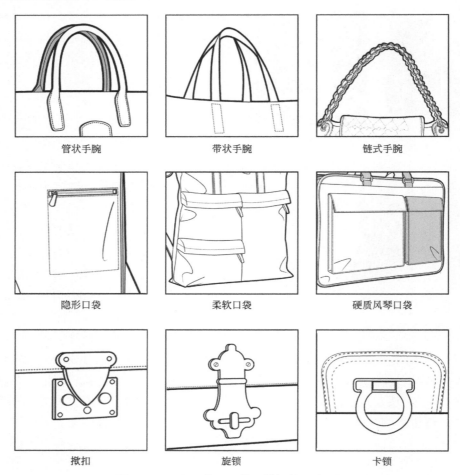

管状手腕	带状手腕	链式手腕
隐形口袋	柔软口袋	硬质风琴口袋
撳扣	旋锁	卡锁

图4-1-8　不同手挽、口袋、锁扣的设计示例

三、造型结构研究

箱包作为实用性产品，款式造型受到使用功能的限制，特别是不同品类的箱包款式有着各自的基本造型和内部空间要求；在行李箱、旅行包和公文包的设计中，实用性是占主导地位的，而在奢侈品牌及特殊使用场合的包袋设计中，其审美性是占第一位的。

一般而言，"箱"以框架式结构为主，"包"以定型、半定型和软包为主。如购物袋要求袋身大且顶部宽大开口。手提包通常比较简洁，平底且顶部拉链关闭或框架式开口，双手挽或手柄。设计人员在进行款式设计的时候，要结合箱包品类和品牌风格进行造型结构的设计研究。

1.结构设计研究

箱包结构特点主要包括开关方式、部件形状和尺寸等要素，外部主要部件决定了包体形状和尺寸，外部次要部件则主要用来体现创意点。其中开关、封闭结构设计不仅仅是箱包的实用结构，还是包体外空间装饰设计。设计人员在进行款式设计的时候，要不断推敲该部分的设计，以获得最佳创意。图4-1-9的信封袋的折叠开口设计通过提拉可以增加内部空间，折叠后又显得十分精巧。图4-1-10中的矩形环扣设计，可以通过手挽上D型圈扣的滑动来开合袋口。

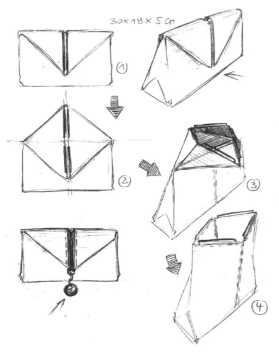

图 4-1-9　折叠开口信封包设计构思

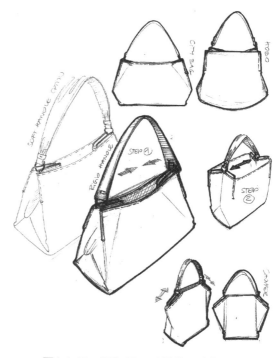

图4-1-10　滑扣开口手提袋设计构思

　　此外，品牌的箱包设计通常会在款式上进行系列化设计以适应不同消费群体的需求。系列化设计是包袋产品开发中比较普遍的设计方式，它采用一种或几种共性特征元素来统一设计，以群体的规范化风貌形成较强烈的视觉冲击力和品牌记忆度。款式的系列化以常用品类为主要设计逻辑，以相同的设计细节作为系列化的共性设计，形成大协调小变化的视觉效果。通常以装饰纹样、五金细节和局部造型结构为共性点，搭配在不同包型上形成系列设计，优点是设计含量高，效果整体富有变化，多用于橱窗主题款式和主推款式开发。图4-1-11中的箱包系列设计就是以包角设计和手挽贴皮作为共同的局部造型设计出购物袋、肩背手提两用包、手提包和单肩包四个款式方案的。图4-1-12是以相同的手挽设计作为系列共性设计，并探讨了不同的侧边结构设计。

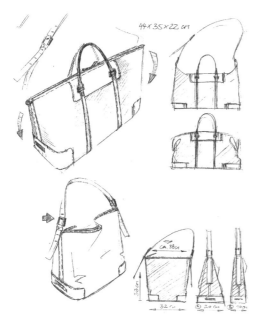

图4-1-11　局部造型系列设计

图4-1-12　手挽造型系列设计

2.造型试样研究

在设计好箱包款式之后，需要做草版确认尺寸和造型。即使是相同款式，使用不同厚薄的物料形成的造型也是完全不同的。不同的内部结构和托料的材质也会影响箱包造型。箱包板房的设计人员或制版人员根据设计稿标注的尺寸，用纸板制作一个大致的立体造型以确认尺寸数据和结构。如图4-1-13所示，单手挽手拎包的手拎部位在袋盖上，必须在袋盖上增加锁扣，而手挽带与袋身相连部位则需要特殊五金件，且该款式不可太大。图4-1-14中的箱包款式袋口钎舌主要为装饰作用，其宽度尺寸应以五金勾扣为依据。

图4-1-13　单手挽手拎包纸壳

图4-1-14　下沉式袋口手提包纸壳

但是，纸壳试版仅仅适用于定型和半定型包袋，对于一些柔软休闲包袋而言，需要使用替代物料进行试版，并增加里子、里兜、隔扇等以及包中包等内部部件。隔扇是指将包内空间分隔成两个或三个小空间的部件，在实际设计中，隔扇大多以隔扇兜的形式出现，既便于盛放物品，又起到分割物品的作用。图4-1-15中的包型侧边结构比较特殊，需要使用PU革进行试版才能达到预想效果。

图4-1-15 软包草版

为了塑造需要的造型，箱包制作中会添加中间辅助材料，包括硬芯材和软质垫材。硬芯材是包体的骨架部分，其目的是支撑包体，使包袋的内部结构牢固并具有一定的刚挺度，整体造型鲜明，轮廓清晰，包括纸板和钢纸板等。软质垫材就是包体的肌肉部分，其目的是增加包体的丰满度，提高手感的舒适性，常采用海绵、无纺布、法兰绒、棉花等，见图4-1-16。

四、物料配搭和设计

箱包品牌企业一般都有合作物料和辅料商家，这些物料供应商会根据国际流行趋势定期开发最新材料，并以物料小样卡的形式提供给企业的设计部门，以供其在研发过程中使用。由于这些合作的供应商主要是为大货生产做储备的，所以其物料的质量比较有保障。设计师在开始具体的款式设计之前要根据国际流行趋势和本品牌的市场定位，寻找适合的面料、辅料、五金等各类材料。

钢纸板　　　　　PVC泡沫塑料

纸板　　　　　　珍珠棉

无纺布　　　　　露华里

图4-1-16 箱包内部辅料

1.材料选择

在确认款式造型设计无误之后，物料及五金配搭是实现箱包设计视觉效果的关键环节。事实上，物料的材质和色彩在设计上是综合考量的，在提案中意向的物料配搭到具体的款式中后，物料的厚薄、肌理和色彩会使同款箱包呈现完全不同的风格。

在收集材料的时候，设计师在选择材料的肌理、色彩等视觉效果之外，必须重点关注其手感、价格和质量。业内厂家普遍制作物料色卡或五金色卡以方便设计师选择；物料色卡会提供厂家的联系信息、货号、品名、封度、单价、一块10cm×16cm大小的物料以及已编号的其他色彩物料小样，如图4-1-17所示。设计师可以直接联系厂家调1～2码的物料用来质量检查并制作样板。而五金部件的选择是箱包设计中的点睛之笔，品牌箱包都会精心设计独特的品牌五金，试版不同的尺寸、材质和工艺手法供选择，见图4-1-18。

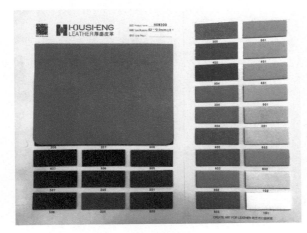

图4-1-17　物料版

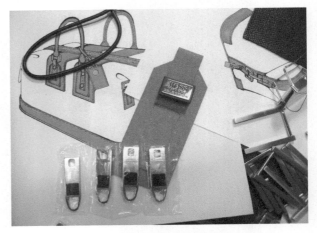

图4-1-18　五金配搭

2.材料搭配

箱包材料在配搭时要注意风格、厚度、柔软度的匹配和色彩的配搭规律。在箱包设计中色彩的视觉作用比较明显，一方面箱包的色彩可以起到搭配服装整体造型的作用，另一方面在品牌店铺陈列中箱包的色彩系列规划也展现了品牌形象。

箱包设计师在掌握基础色彩知识的前提下，在设计开发每季具体产品时必须树立系统的色彩规划观念，充分考虑目标消费市场的色彩喜好、国际流行趋势等各类信息后进行分类设计。箱包作为配饰，色彩应用逻辑相对简单，不同季节色彩的要求不像服装那么明显，但是箱包产品的主要作用是衬托和点缀服装，或与皮鞋或服装中的某些饰件相统一，在企业的每季规划中会参考服装的流行色彩趋势，以求得整体的谐调美。或者与服装的主体色彩相对比，以突出整体的对比美。

箱包的主要材料是由不同肌理、质地的天然皮革制成，而天然皮革具备独特的质感，因此，同一色相所呈现的视觉效果是完全不同的。另外，箱包的体积决定了它在色彩使用上不宜复杂，所以在同色不同肌理的物料搭配成为箱包单品的主要配色方式之一，通常利用一些设计或五金细节进行点缀。

在箱包设计中，国际品牌常态通过为经典款式配搭不同的物料来形成不同风格，一方面强化了品牌的视觉感和记忆度，另一方面也展示了他们强大的物料原创开发能力。图4-1-19是爱马仕经典款，推出了皮革、PVC、织物等不同的物料，并使用刺绣、镶嵌等多种工艺来形成科技风格、民族风格、极简风格等完全不同的风格。

图4-1-19　爱马仕经典款的不同配料

第二节 ▶ 设计方案

从设计手稿到箱包成品，需要一份完整的设计方案进行展示和沟通。能把设计以最完美的方式展示在大众面前是一名全能创意设计师必备的素质，它可能是设计公司提供的设计手册，也可能是一份信息齐全的参赛设计稿或企业里的设计评审稿。

一、设计手册

设计手册是箱包设计比较完整的一项展示过程，通常由封面、设计灵感氛围图、物料和色版、箱包效果图和箱包工艺图组成。其中最重要的就是箱包效果图和工艺图的绘制及版面设计，整体色调的把握，远近大小的排版布局，重点细节的突出，都需要展现设计主题和产品风格。具体案例详见图4-2-1～图4-2-10。

图4-2-1 设计手册封面（吕舟琳）

图4-2-2 氛围页（吕舟琳）

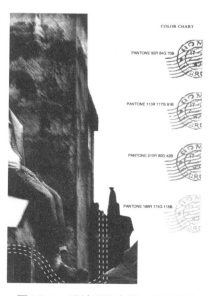

图4-2-3 设计手册色版（吕舟琳）

图4-2-4 物料页（吕舟琳）

图4-2-5　外观效果图（吕舟琳）

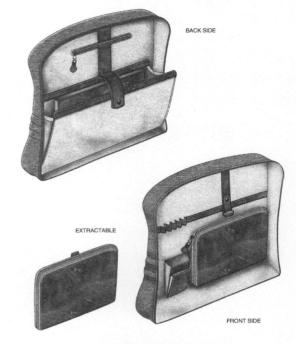

BACK SIDE

EXTRACTABLE

FRONT SIDE

图4-2-6　内部效果图（吕舟琳）

FRONT VIEW

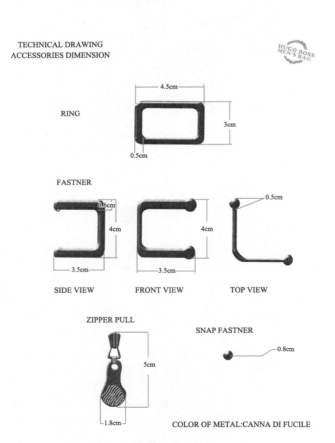

RING
4.5cm
3cm
0.5cm

FASTNER
0.6cm
4cm
4cm
0.5cm
3.5cm
3.5cm

SIDE VIEW　　FRONT VIEW　　TOP VIEW

ZIPPER PULL
5cm
1.8cm

SNAP FASTNER
0.8cm

COLOR OF METAL:CANNA DI FUCILE

图4-2-7　五金设计及效果图（吕舟琳）

MATERIAL1
MATERIAL3
METAL
MATERIAL1
MATERIAL2
MATEL
MAIL STAMP
MATERIAL1

MATERIAL1　　MATERIAL2　　MATERIAL3

图4-2-8　配料说明图（吕舟琳）

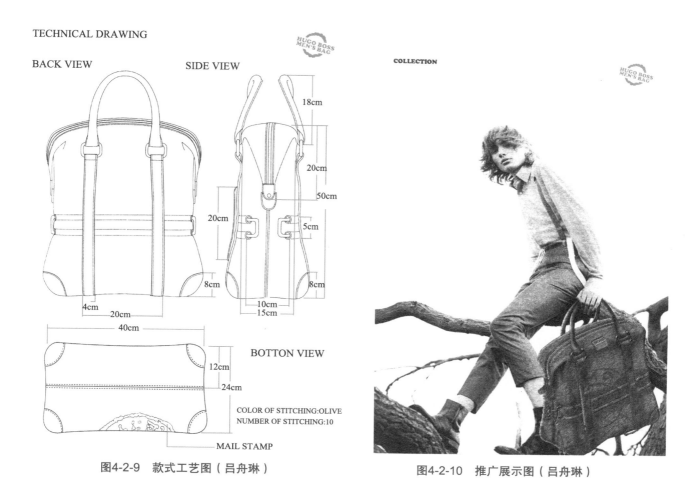

TECHNICAL DRAWING

BACK VIEW   SIDE VIEW

18cm

20cm

50cm

5cm

20cm

8cm   8cm

4cm
20cm   10cm
15cm

40cm

BOTTON VIEW

12cm

24cm

COLOR OF STITCHING:OLIVE
NUMBER OF STITCHING:10

MAIL STAMP

图4-2-9　款式工艺图（吕舟琳）　　　　　　图4-2-10　推广展示图（吕舟琳）

1.封面封底

设计封面的色彩和纹样与品牌主题相关，一般标注品牌信息、产品计划上市的时间和季节信息，设计公司或设计人员以及联系信息。从案例中可以看出此套设计手册是为HUGOBOSS品牌设计的箱包产品方案。

2.氛围页

氛围页是表达箱包设计核心思想的集中体现。内容包括设计细节和色彩的来源图片、设计主题和设计说明，关键词和辅助图形也要由其体现。通过内容的排版、主题文字的字体设计、色调的处理来贯穿整个设计系列的思路和风格，最终形成一种氛围。案例中的设计主题为怀旧的"老移民"，设计者用破旧的邮票、邮戳图片、落寞人物的老照片进行排版设计，以体现出沧桑的风格。

3.物料页和色板页

物料和色板是设计实现的物质要素，色板中的色彩需要使用国际通用的潘通色卡进行标注。潘通色卡（PANTONE）为国际通用的标准色卡，是享誉世界的色彩权威，涵盖印刷、纺织、塑胶、绘图、数码科技等领域的色彩沟通系统，已经成为当今交流色彩信息的国际统一标准语言，共有上千种颜色。物料页则需要粘贴箱包设计中使用到的主料和关键配件实物，或者是面料改造小样，以便样板制作人员采购实现设计。

4.效果图

效果图是设计师对设计的产品外观形态等诸方面准确、直观的表现，是品牌管理人员和设计部门确定选稿的依据。效果图一般以写实手法，运用彩色铅笔、水粉或电脑准确地绘制产品的外形、结构、规格、材料及工艺形式，作为工艺师制作参照的标准。在效果图绘制时，需注意不同材料质感的表现方法。

目前由于电脑技术的高度普及化，使用电脑扫描技术可以真实还原物料效果，并且便于修改细节、替换物料和色彩，所以品牌企业多使用电脑软件绘制效果图。如果有不太符合常规的内部空间设计，则需要另外绘制。

5.工艺图

箱包的工艺图主要就是三视图，要求比例合理、细节清晰，需要标注相应的尺寸和工艺技术要求。正面、侧面和底面的相互位置要求准确对齐，如果箱包的正背面是不同的，那么需要绘制背面图。

6.宣传页

该部分主要是从设计角度给出拍摄风格建议，可以使用电脑软件进行模拟设计。设计人员在设计箱包产品的时候，要时刻考虑到销售的推广模式，特别是在宣传资料里如何凸显设计主题。

二、设计方案汇总版

设计方案除了制作成比较详细的设计手册之外，还可以使用汇总页的形式。这种形式将设计主题、设计说明、关键词、灵感来源图片、物料、色彩和箱包效果图，甚至是三视图均排在一个版面上。因其一目了然便于评审，常常用于设计比赛投稿和企业内部评审。下面以案例解读方式来分析设计方案，设计方案的灵感来自自然、科技、人文以及艺术等。

图4-2-11中的系列设计作品设计灵感来自中国文字，取"福禄寿喜""仁义礼智信""爱孝美"来阐述中华文明的精髓。将文字图形化，用手工将皮条在太空棉网眼运动材料上进行编织。从绿松石、孔雀石、珊瑚、翡翠等天然宝石中萃取色彩进行图底互换，刻画东方文明中阴阳互补、和谐统一的文化特质，呼应东方文明蕴含的天人合一的自然观。

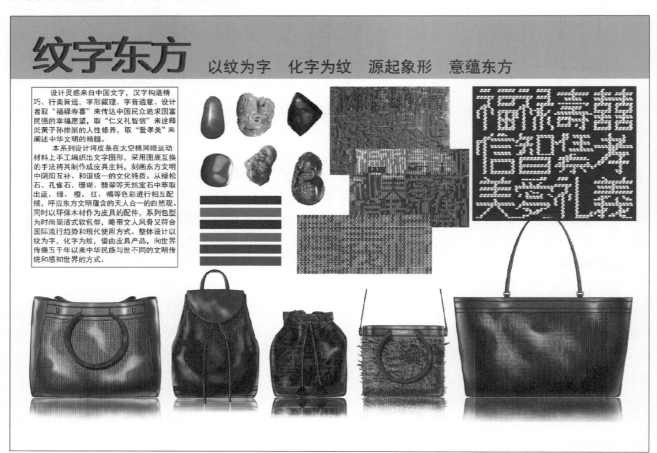

图4-2-11 "纹字东方"系列设计方案（李春晓）

如图4-2-12所示，设计师从爱丽丝梦游仙境中汲取设计灵感，选用童话中的钥匙、瓢虫、钟表等元素设计到箱包的细节中去，系列包型以手拎包、手抓包和小件为主。

图4-2-12 童话主题系列设计方案

如图4-2-13所示，设计灵感来自装饰主义艺术，以几何形状和阶梯数列层叠作为造型，使用复古奢华的蛇纹皮革和古铜、亚银色系，结合创意的现代手挽设计传达装饰艺术复古概念。

图4-2-13 复古风格系列设计方案（李旭晨）

如图4-2-14所示，设计灵感来自融化雪花，以雪花造型为依据，采用皮革雕刻镂空工艺制作出中心对称的精美图形，同时在五金把手和皮面上运用不同的设计手法和工艺。版面信息传达清晰，主题构思表达明确。

图4-2-14　雪花主题系列设计方案（钱美岑）

图4-2-15所示，灵感来自旧工业时代的产品形态，提取出工业螺帽、旧金属感等要素进行皮革面料创意，在箱包主面上进行镶嵌装饰，款式、物料和装饰细节有机结合，充分体现设计概念。

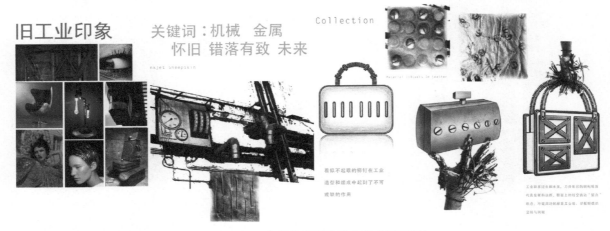

图4-2-15　旧工业印象系列设计方案（王雨琛）

第三节 ▶ 设计稿绘制流程

设计师使用电脑软件绘制可以编辑的箱包款式图和效果图，有利于精准化考虑设计细节的比例、线条等视觉美感和制作合理性，这是设计人员必备的设计能力之一。对于初学者而言，从描摹实物开始学习工艺技术图绘制是较为便利有效的。设计师可以在平时通过实物描摹来学习体会如何绘制可以直观地表现产品的造型和工艺技术，也可以积累一些典型的可编辑的款式图用来修改，来节约绘制款式图的工作时间从而提高效率。

一、箱包工艺图绘制流程

箱包工艺制作图比款式线稿图更为有效，通常提供正面、侧面、底部和内里几个基本角度，要求给出各部分的具体尺寸按照1∶2或1∶3等比例绘制。常用电脑绘图软件Illustrator或CorelDRAW来绘制，在工艺图中不仅要确定包体的尺寸，更重要的是要论证各部件尺寸的合理性。例如在手绘款式线稿图时，手挽的位置是预估的，在电脑绘制时要考虑人体工程学方面的基本常识，给予合理的尺寸。同时也要精确部件的位置和角度，比如包角的大小、弧度以及鸡眼的规格等。而五金设计必须提供1∶1三视图或结构剖面图以供工厂制作样品。

1.款式绘制

（1）点击图标，打开Adobe Illustrator CS6软件。点击文件菜单，选择【新建文档】选项，弹出【新建文档】对话框，输入名称，设置面板属性，一般大小选择"A3"或"A4"，单位选择"毫米"，点击确定完成。

（2）导入草图：将设计草图扫描或拍照成图片，然后导入Adobe Illustrator软件的新建文档中，用矩形工具画一个与包身尺寸相当的矩形，以该矩形的中心点为基准，拉出一条辅助线作为中线。最后锁定该图层，防止描绘时错选图片。

（3）重新建立"图层2"，在新建图层上绘制线稿，见图4-3-1。

（4）点击工具栏中的【钢笔】工具，将色彩模式设置成橘色线框以方便绘制识别。

（5）点击初始锚点，根据轮廓开始描绘单边的线稿，先绘制包款的大致轮廓，要求将包款的结构描绘清晰，不能完全按照草图来绘制，必须保持图形原本的正面形状，尺寸上必须根据设计的尺寸，输入数据计算好比例来确定，见图4-3-2。

图4-3-1　导入草图

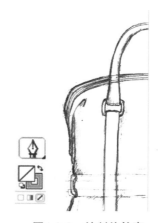

图4-3-2　绘制外轮廓

（6）绘制完大致轮廓，开始添加细节部分，比如缝线。画缝线时，为了保持与外边平行，选中需要移动的轮廓线，单击回车跳出【移动】对话框，输入需要移动的距离，单击"复制"按钮完成线的复制，然后切除多余线段。

（7）在【描边】对话框中点选【虚线】选项，输入相应数值，一般我们第一格设置"3pt"，第二格设置"2pt"，完成缝线细节的绘制，见图4-3-3。

（8）完成半边线稿绘制后，选中需要翻转的部分，点击工具栏上的【镜像工具】，按住"Alt"键，点击中线位置，设定翻转点，单击左键，弹出【镜像】对话框，选择【垂直】翻转选项，点击【复制】完成对称操作，见图4-3-4。

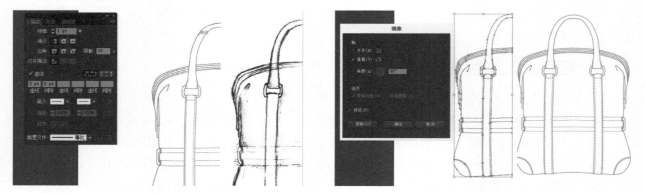

图4-3-3　复制缝线　　　　　　　　　　　　　　　　图4-3-4　对称复制

（9）需要单独绘制的五金，可以单独截取出来进行绘制，最终一起放置于适当位置。

（10）完成包款绘制，最后将线条色改为黑色，见图4-3-5。

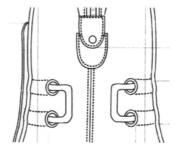

图4-3-5　完成细节线稿

（11）完成各角度绘制：重复之前的步骤，完成正侧面、底面、背面的线稿绘制（图4-3-6）。

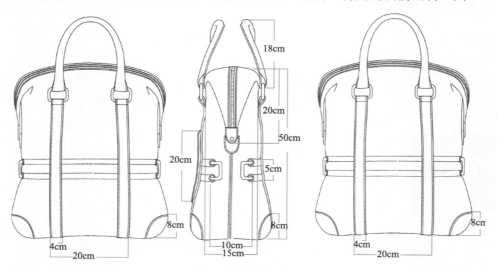

图4-3-6　完成三视图

如果是不对称图形，需要单独绘制；对于常规皮具而言，正面与背面一般是一致的，可以进行复制操作，不同的地方可以单独进行修改即可。

2.五金部件绘制

绘制三视图时，一般还需要将特殊的细节部分也进行多视图绘制，如五金锁、特殊拉链扣等，可以通过之前绘制包款的步骤，进行绘制。其数据必须根据实际尺寸来输入完成，见图4-3-7。

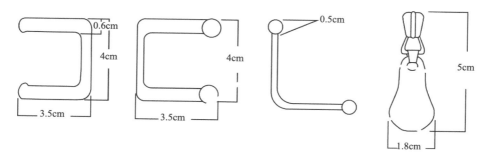

图4-3-7　五金配件

3.三视图排版

（1）完成所有各个面的线稿绘制后，必须将三视图进行排版，如图4-3-8所示，首先正视图放左边，下方为底视图，右侧为侧视图。如果有后视图，可以放在侧视图右边，细节部分的视图可以放在空白部分。

（2）需要注意的是，所有的视图中，相应位置的物品，必须在同一平面上，如五金、手挽、金属环等，如图4-3-8中红线所示，所有物品位置一一对应，如果有些部分不准确，可以进行个别细节调整。

（3）最终完成三视图线稿绘制。在给到制版部门制版时还需要标注相应部位的材质和工艺要求，详见案例赏析。

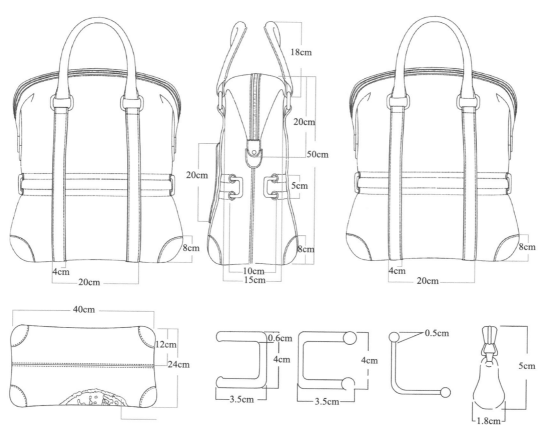

图4-3-8　最终三视图

二、箱包效果图绘制流程

手稿绘制和处理的方法如下。

（1）用铅笔勾线画法来绘制3/4角度箱包，该角度可以清晰展示箱包的立体形态、体量感和各部位的比例关系，工艺结构要表现合理清晰。

（2）将手稿通过扫描设备做成电子文件，并使用Photoshop软件中的【色阶工具】快捷键"CTRL+L"调节对比度，使手稿线稿更为清晰，并可以使用画笔来修改细节或使用橡皮擦工具清洁画面。当然，设计师也可使用电脑手绘板来直接绘制设计图稿，这些图稿可以直接使用（图4-3-9）。

（3）在Adobe Illustrator软件绘制线稿，步骤同箱包工艺图绘制流程，见图4-3-10。

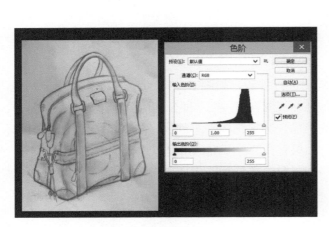

图4-3-9　手稿处理

图4-3-10　款式线稿

（4）打开Adobe Photoshop软件，新建A4大小的CMYK300dpi文档，用Adobe Illustrator软件打开之前勾绘好的AI线稿，框选线稿执行"CTRL+C"复制命令，进入Photoshop界面执行"CTRL+V"粘贴命令，选择弹出对话框里的智能对象选项，点击确定。调整线稿到适当大小，回车确定，见图4-3-11。

图4-3-11　设置线稿层

（5）使用魔棒工具在线稿层上选取物料的填充区域。打开物料图片资料，使用选择工具框选需要的部分，执行"CTRL+C"复制命令，见图4-3-12。

（6）在之前魔棒选择的区域执行"CTRL+SHIFT+V"贴入命令，重复以上动作完成包款其他部位的物料填充，并将物料图层合并，命名为物料层，见图4-3-13。

图4-3-12 填充用物料

图4-3-13 物料层填充

（7）对物料图层执行混合选项里的斜面与浮雕效果，调整适当的数值深度为300以上，大小小于6，软化为0，角度为120°为比较理想的数据设置，见图4-3-14。

（8）新建阴影图层，在混合选项下拉菜单里选择正片叠底选项。使用魔棒工具选择需要画阴影的区域，换画笔工具，选择适当大小和流量，画出阴影，同时辅助使用橡皮擦工具，将过深的地方擦去，此处需要设计师有较好的美术功底，见图4-3-15。

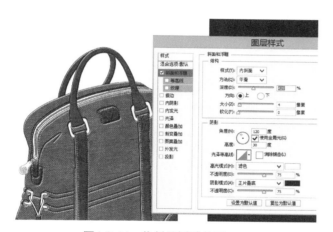

图4-3-14 物料层浮雕效果

图4-3-15 阴影层

（9）新建高光图层，在混合选项下拉菜单选择变亮选项，使用白色在高光图层上绘制高光部分，辅助使用橡皮擦工具和涂抹工具画出适当的高光，绘制方法与阴影部分相同，必须先做选区。注意不能将高光画在有阴影的部分，见图4-3-16。

（10）五金制作方法，新建五金图层，在线稿层选取五金部分填充相应色彩。对五金图层添加混合选项斜面与浮雕效果，如图设置光泽更高线，见图4-3-17。

（11）完成箱包效果图，在阴影和高光不变的情况下，可以在物料层进行物料的多种替换或使用色相工具变换各种色彩，查看不同色彩的包款效果，见图4-3-18。

（12）使用相同流程制作箱包内部的效果图，图4-3-19。

图4-3-16 高光层

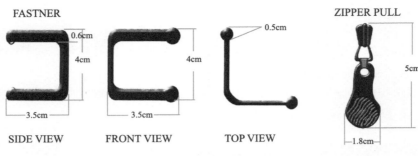

FASTNER

SIDE VIEW   FRONT VIEW   TOP VIEW

ZIPPER PULL

图4-3-17   五金部件效果图

图4-3-18   不同色调的效果图方案

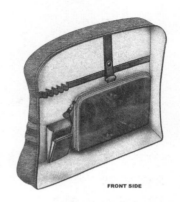

FRONT SIDE

图4-3-19   箱包内部效果图

图4-3-20～图4-3-22是知名品牌的设计稿。

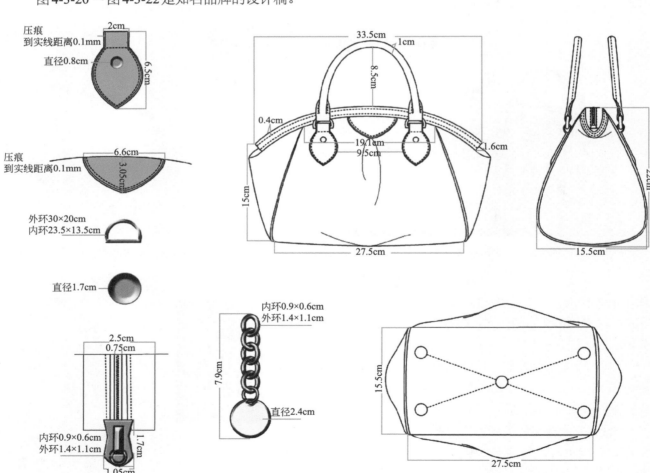

图4-3-20   GUCCI手袋三视图

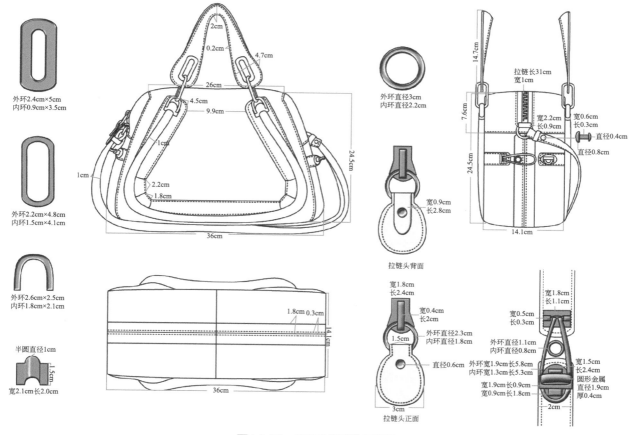

外环2.4cm×5cm
内环0.9cm×3.5cm

外环2.2cm×4.8cm
内环1.5cm×4.1cm

外环2.6cm×2.5cm
内环1.8cm×2.1cm

半圆直径1cm
宽2.1cm·长2.0cm

外环直径3cm
内环直径2.2cm

拉链头背面

拉链头正面

拉链长31cm
宽1cm

宽2.2cm
长0.9cm

宽0.6cm
长0.3cm

直径0.4cm
直径0.8cm

宽0.9cm
长2.8cm

宽1.8cm
长2.4cm

宽0.4cm
长2cm

外环直径2.3cm
内环直径1.8cm

直径0.6cm

宽1.8cm
长1.1cm

宽0.5cm
长0.3cm

外环直径1.1cm
内环直径0.8cm

宽1.5cm
长2.4cm
圆形金属
直径1.9cm
厚0.4cm

外环宽1.9cm长5.8cm
内环宽1.3cm长5.3cm
宽1.9cm长0.9cm
宽0.9cm长1.8cm

图4-3-21 CHOLE手袋三视图

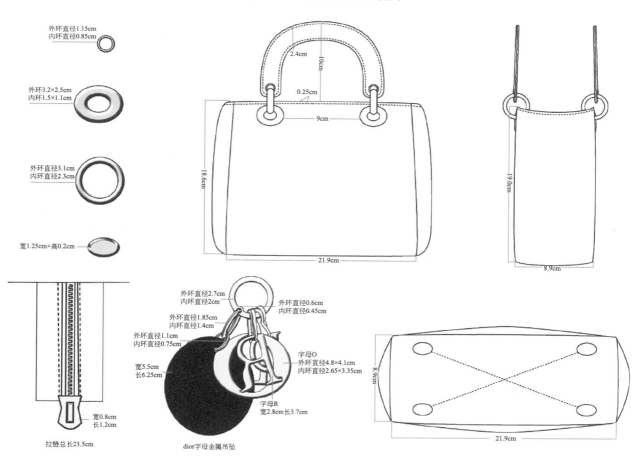

外环直径1.15cm
内环直径0.85cm

外环3.2×2.5cm
内环1.5×1.1cm

外环直径3.1cm
内环直径2.3cm

宽1.25cm×高0.2cm

拉链总长23.5cm

宽0.8cm
长1.2cm

外环直径2.7cm
内环直径2cm

外环直径0.6cm
内环直径0.45cm

外环直径1.85cm
内环直径1.4cm

外环直径1.1cm
内环直径0.75cm

宽5.5cm
长6.25cm

字母O
外环直径4.8×4.1cm
内环直径2.65×3.35cm

字母R
宽2.8cm长3.7cm

dior字母金属吊坠

图4-3-22 Dior戴妃包三视图

图4-3-23的设计灵感来自江南地区老房子的黑瓦片和斑驳的墙面，以此为肌理依据在皮革上通过毛线绣创作新材料，款式上结合砖瓦层叠结构和门环突出的主题。

图4-3-23　江南民居主题设计（金一柯）

第四节 ▶ 箱包版单

在设计流程中，箱包设计师与工艺师要保持良好的沟通和交流，一方面要保证设计图稿的可行性，另一方面要确保箱包样品能够达到设计稿的要求。通常设计师通过箱包版单将详细的设计要求下单给板房制版，越是远程合作的版单就需要越详细。在这一环节，设计人员的工作经验十分重要，而设计人员与工艺师合作默契度也很关键，在沟通顺畅的企业的实际运作中，工艺单可以精简到双方明确即可。

一、箱包版单要素

在确认箱包款式造型和物料色彩均为可行性方案后，设计部门应当提供正式的开版文件给工厂板房开版。版单中要有基本产品信息、时间要求、人员信息等，最为核心的是设计效果图、草版包、工艺图稿，并标注制作方法和零部件固定位置。如图4-4-1所示，工艺要求中要注明如下细节。

| 试版样　资料单 | 季节 | 17FW深冬 | 类别 | 礼品类 | 面料 | 牛仔 | 下单日 | 2017/04/05 |
| | 款号 | 7001 | 款式 | Laptop Bag | 水洗 | Aged | 交样日 | 2017/04/20 |

效果图　深藏青色三明治网布(背面)　　深藏青色纯棉织带(3.8cm宽)　　——单位尺寸：厘米

钢色/深藏青色拉链

ABLE JEANS

29

42

2　3

牛仔　深藏青色(近边线)　洋李色(远边线)　厚板印(沙砾白色)　套结(烟草黄色)　内里：黑色塔丝绒布

设计细节：

1. 尺寸为15.6寸电脑包大小(42×29×3)
2. 包表布与内里中间内垫3mm泡棉。
3. 面料先水洗再车缝，色光为蓝牛中色(套黄)。
4. 织标先不需要车缝。

户

内里做小隔层，隔开电脑与其他文具或ipad

图4-4-1　箱包版单

1.开关方式

即皮具的封口装置采用何种形式，如包盖、架子口或拉锁等。

2.部件组成

即说明皮具的结构及部件组成，确定包体的基本结构、外部部件、内部部件和中间部件。

3.材料说明

需明确说明外部部件、内部部件和中间部件所选用的主料、配料、辅料、五金等材料及其要求。

4.工艺制作方法说明

部件之间的连接方式，如胶黏法、线缝法，其中缝法包括明缝法、暗缝法、包缝法、搭接缝法等。

5.规格说明

根据设计需要确定各部件尺寸。

6.装饰件说明

饰件材料的种类、颜色、质量要求、固定位置等。

二、箱包成本核算表

任何一种商品都要计算它的成本，设计阶段的成本意识十分重要，它不仅与品牌定位和消费群体定位有关，而且决定着箱包产品是否可以投入市场。箱包产品的成本基本上在确定主配料之后可以根据纸格预估出来，"产品成本价"可以由物质成本和开发成本构成，再加上利润百分点得出"产品出厂价"；然后加上8%的税点得出"含税出厂价"。最后包袋品牌再根据自己的销售目标和成本核算出终端店铺的销售价格。其中物质成本包括物料成本、五金成本、里布成本、辅料成本、工艺成本（开刀模、绣花等）、包装成本等，一般按照物料价格×用量×单价来计算。而开发成本包括加工费、开发费用（制版费）、管理费（间接人工、房租、水电、折旧、保险费、其他）、设计费等，根据季度生产数量摊派到每个包袋中（图4-4-2）。

物质成本				
物料价格明细	用量	单位	单价	金额
正茂6717-3#深蓝色	0.242	Y	35	8.47
得其皮革HSM309-305#红	0.373	Y	39	14.547
猪皮(米白)	0.074	SF	3	0.222
品牌金色里布	0.401	Y	10	4.01
1.0露华里	0.195	Y	8	1.56
1.0什胶	0.094	Y	10	0.94
2.0什胶	0.067	Y	12	0.804
210D里	0.013	Y	4.5	0.0585
0.3TPU	0.013	Y	45	0.585
12安帆布	0.045	Y	16	0.72
4.0回力胶	0.038	Y	13	0.494
品牌五金	6	件		8
丝印/绣花/电压	3	件	1.5	4.5
刀模	19	件	0.1	1.9
胶水/边油/线/切条/贴合		cm	4.6	0
拉链/织布/棉芯等		cm	10	0
防潮纸/填充纸/拷贝纸		SF	4.5	0
包装尺寸纸箱		20个/箱	1	0
	长度	单位用量	次数	
透明边油(底油)	274.5	0.025	1	0.21
边油用量	274.5	0.025	2	0.55
合计				47.5705

物质成本			
价格明细	用量	单价	金额
设计费	1	5	5
加工费			40.77
间接人工			8.95
开发费用			4.35
房租			5.1
水电			2.75
折旧			2
其他			1
保险费			1
合计			70.92

含税出厂价		
出厂价格	税率	金额
物质成本		47.5705
开发成本		70.92
税费	8%	
合计		127.97

图4-4-2 成本核算单构成

第五章

箱包制作工艺

为了确保设计的精确实现，设计人员必须了解箱包制作的工艺和流程，本章按照箱包制版、台面处理、缝制成型的制作流程来介绍相关基础工艺。

第一节 ▶ 制版工艺

设计方案完成之后，需要进入板房制作样品。制版师和工艺师根据绘制的效果图分析箱包外部部件、中间部件与内部部件的结构及连接方式、工艺方法，利用结构设计原理与技巧制作纸格。箱包制版就是以纸张为材料制作出构件部位裁片的纸格，并在纸格元件上打上各种标记来表示箱包制作方法，业内将制作纸格称为出格。

一、出格（制版）工具

1. 手工出格工具

小戒刀（30度角）、不同规格（有标尺）的胶板、圆规、12英寸和24英寸的钢尺、三角板、压铁、锥子、300g的白卡纸（或铜版纸）、铅笔、圆珠笔、订书机、卷尺、涂改液，见图5-1-1。

图5-1-1　手工出格工具

2.电脑出格设备

随着电脑自动化发展，手工出格工作可以由电脑软件替代。电脑出格设备包括出格CAD软件、计算机、读图板、箱包纸样切割机、打印机等硬件设备。出格软件是指通过电脑辅助设计产品纸样（纸板）的CAD软件，也叫打版软件。出格软件具备设计纸格、纸格排料算料、纸格输出打板和纸格输入存档等基本功能，一般和纸样切割机一起配合使用，把设计好的纸格通过纸样切割机裁切出实样。

箱包出格软件文件通常可以把其他软件设计的箱包纸格文件输入箱包出格软件，以便保存或进一步设计。通过读图板把原来用手工出格的纸样输入计算机，以便保存或下次调用。使用软件可以设计箱包的纸样分片，体现出各分片的大小尺寸、在箱包的位置、需用到的面料等信息。另外，设计者可以设置面料的宽幅、缩水率等信息、进行样片的模拟排料，确定排料方案并打印排料图供裁断部门使用，同时把设计好的箱包样片通过箱包纸样切割机切割出实际纸样。

二、出格（制版）流程

出格可以按照流程分为出正格、外部件格、里布格、内部托料格等，出格长度单位通常采用英制长度单位，1英寸=8英分=25毫米。由于内部托料格是辅助各外部件格的，所以在出纸格时可以一起制作并用文字标注清楚即可，在制作和核算成本时区别使用。

（一）正格制版

在制版时，版师根据箱包设计的三视图及标注的尺寸，先出箱包前后幅、横（堵）头、底部或大身围，将箱包的主体空间确定，并与设计师核实袋身上各部件的位置（图5-1-2）。

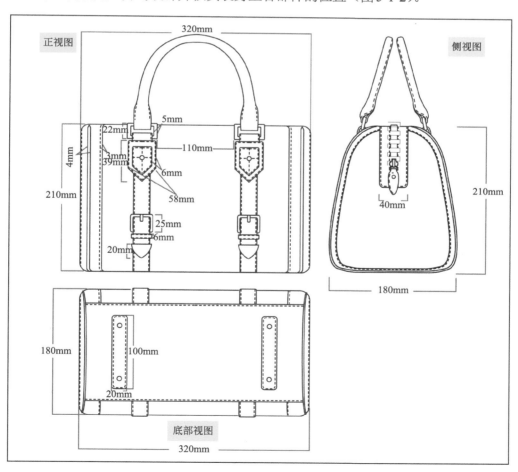

图5-1-2　箱包三视图

1. 出横头纸格

（1）切纸：根据设计图稿标注的宽和高的尺寸，用美工刀切割出一片大于该尺寸的卡纸。

（2）十字线：在卡纸中间部位用锥子划一条中轴线，将卡纸对折；然后在对折后的纸张的边离开中轴线的位置，用锥子扎一个透过两层卡纸的点，打开卡纸用锥子轻划连接两点打字线。

（3）制横头尺寸：在打好十字线的卡纸上划出横头的宽和高，并根据设计造型绘制圆滑弧线（见虚线），使用调到2分的圆规放出折边缝头（见加粗实线），分别在中线位、转角位、2分拉链位、5分链贴位和2分边骨位打三角孔，用美工刀切边，见图5-1-3。

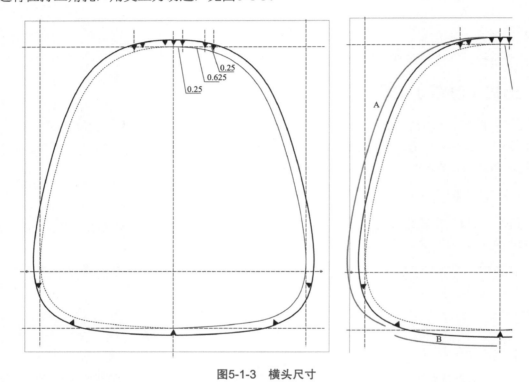

图5-1-3　横头尺寸

（4）出前后幅和底部尺寸：使用卷尺或者使用移动横头纸格的方式量出A（前后幅的高度）和B（底部宽度）。

2. 出前后幅纸格

（1）切纸：根据量出的A（前后幅的高度）和设计稿中提供的包身长度，用美工刀切割出一片大于该尺寸的卡纸，并打十字线。

（2）绘制前幅尺寸：在打好十字线的卡纸上划出前幅长高尺寸（已加缝头），由于该包型是上窄下宽微梯形，需绘制微弧线（见加粗实线），使用调到2分的圆规缩回折边缝头绘制净尺寸线（见虚线），在袋口部分绘制2分拉链位，5分链贴位和2分75搭位，并分别在这些位置和中线位、转角位和边骨位打三角孔，用美工刀切边。

（3）在相应位置标注装饰边位、把托位。

（4）绘制后幅尺寸：拷贝前幅纸格，做拉链。

3. 出底部纸格

根据B（底部宽度）和前后幅长度尺寸，在打好十字线的卡纸上划出底部长宽尺寸（已加缝头），使用调到2分的圆规缩回折边缝头绘制净尺寸线（见虚线），在相应位置标注底贴固定位。

4. 完成正格

见图5-1-4，做草版校对调整正格，通常会用白胚材料试做一个草版来确认。

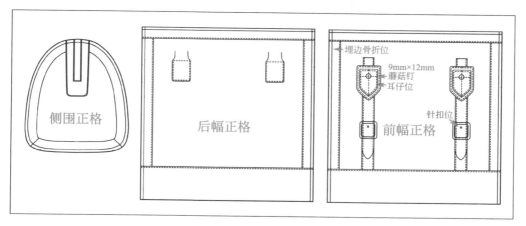

图5-1-4　箱包正格

（二）外部件格

根据确认过的箱包正格，将箱包外部的分割及部件纸格根据其工艺要求加缝边位后分别制格，见图5-1-5。

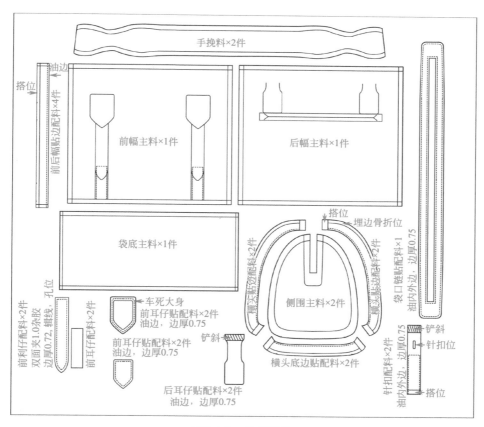

图5-1-5　外部件格

（三）里布格

里子是箱包的主要内部部件，通常可以分为单独制作的里子部件和直接粘贴在外部面料上的里子部件。直接粘贴在外部面料上的里子部件通常用在较大型的旅行箱和运动包中，在制作包盖时里布也直接粘贴在外部面料上。单独制作的里子部件通常以外部部件格的尺寸为依据，且以最少的纸格件数来开格制作。

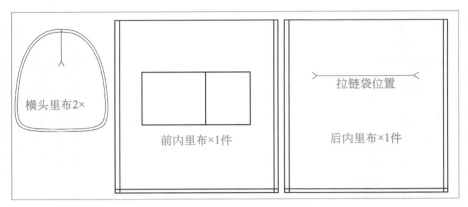

图5-1-6 里布格

横头里布2×

前内里布×1件

拉链袋位置

后内里布×1件

（四）托料格

另外为方便制作，主配料一般根据要求先托好料再一起裁剪，所以也不需要另外出格，版师会根据物料特性和设计的造型要求，根据经验在其他纸格中标注。

第二节 ▶ 台面工艺

在箱包制作流程中，剪裁物料、裁片托底、局部缝制等制作环节通常在桌面台子上制作，所以在行业内将该工序称为台面制作。在台面制作中用到的裁料、胶粘、片削、边缘修饰和补强工艺等工艺技术就是台面工艺。事实上，箱包制版和箱包缝制的工艺技术与服装制作的工艺技术十分相似，但是在箱包的台面制作工艺由于其材料和功能方面的特殊性而成为独特工艺。作为箱包设计人员必须深入了解，确保以最经济高效的工艺流程来实现箱包的视觉效果和实用功能。

一、台面工具

1.台面手工工具

剪刀、铁锤、胶锤、锥子、戒刀（开料用大戒刀45度角，台面用小戒刀45度角）、压铁（开料也用）、钢尺（开料要长短规格的200cm、50cm、100cm、150cm）。各种规格手凿（半分、一分、1分半、2分……半寸）、钳子（老虎钳、尖嘴钳、剪钳）、胶版、双面胶纸、美纹纸、水银笔、小胶水壶、烧线用烙铁，见图5-2-1。

2.基本台面

制作箱包样品有开裁台、做板台、油边台和擦胶水台（图5-2-2）。开裁台尺寸可大可小，常规为250×90×90cm，桌面要配玻璃板以便裁料。做板台尺寸一般为200×120×75cm，底

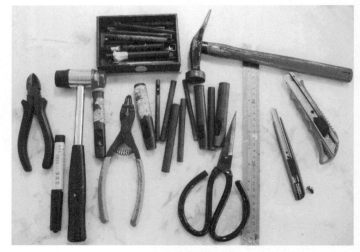

图5-2-1 板房台面手工工具

部设计可以放置辅料和工具的隔层。油边台尺寸一般为200×100×75cm，上有支架可夹晾油过边的小部件。擦胶水台150×100×75cm，普通桌面即可。

图5-2-2 开裁台、做板台、油边台

3.台面机器

在批量化生产中，有一些台面工序可以由机器替代来提升效率，主要有大啤机、油边烘干机、油边打磨机、自动折边机、削皮机、铲皮机、压印机、裁断机、过胶机、喷胶机和打孔机等（图5-2-3）。我们根据机器名称即可理解其主要用途，其中大啤机主要用来啤箱包零部件，削皮机和铲皮机用于各种皮革、人造皮、橡胶等材质的边缘削薄及平面削薄，其平面削薄宽度可调节，附自动除屑装置，磨刀离合器组，使用便利且可控速，有多重安全保护装置。

图5-2-3 大啤机、过胶机和喷胶机

二、裁料工艺与流程

裁料是制作的第一步，就是把整块原材料裁切成各种不同形状的部件和零件，为箱包组装加工做好准备的过程。它关系到原辅材料的消耗、生产成本的核算等一系列问题，裁料的基本要求是最大限度地节约原材料，降低成本。

1.排料

天然皮革面料必须要单张排料裁剪，而一般的人造面料可以通过铺料划样来批量裁剪。

（1）真皮排料流程：天然皮革选料要求较高，主要部件应选用最佳皮心部位皮革，以保证产品外观要求，其余零部件选料标准可略微放宽些，可利用腹肚、颈、肢部位，以合理应用皮革并降低产品成本。首先要把皮料摊放在台面上，查验皮张的质量，伤残所在的部位及可否利用需按质量进行分档；排料时一般先排扇面、墙子、堵头、包盖等主要面料，最后再排小料和次要部件材料。同时还要注意皮革的横纵方向问题，尤其是对于前后扇面、墙子、背带等承重部位，一定要注意横纵向的延伸问题。

（2）人造革或纺织材料排料流程：因其表面很少有伤残、色差不明显，表面肌理基本规则，强度均匀一致，通常使用电脑软件进行最科学合理的排料，然后把物料卷筒放在支架上，整理使表面平整，边沿无曲皱，然后排料划样。

2.开裁

开裁前期需要检查样板是否齐全，是否有缺损，装配零部件部位是否标志明确，明确产品对零部件皮料的质量要求。开裁按工艺分，主要有手工开裁和机器开裁两种，开裁的时候要采用主纤维束方向为主，皮件产品辅助部件可利用横向、斜向纤维中。

（1）手工开裁。目前由于真皮材料需要人工鉴别的特殊性，通常使用手工开裁。在玻璃台面上裁料，纤维一面向上摊平，按样板裁料，用剪刀或划刀裁剪，右手执刀，把刀口角切人皮面，刀口沿着样板边与皮面交成30度夹角，在皮面上从后向前或从右向左推动把皮革裁开。

手工裁料时要先裁主料，后裁辅料；先裁盖料，后裁底料；先裁面积大的，后裁面积小的；要求充分利用边角料；先裁表面面料，后裁里部用料，做到充分利用，力求降低损耗。裁料还应注意色泽搭配和花纹搭配，同一产品上，零部件组合色泽要基本一致，花纹镶接搭配要协调自然。

（2）机器开裁。机器开裁主要是利用成型刀口模，借助裁料机的压力把皮张分开，使用于小面积的零部件和大批量生产，裁片规则整齐、速度快效率高。

机器开裁前要检查刀模是否正确、案板是否完好以及机器运转情况。然后平摊物料，把刀模放置到位，动连杆，压板下冲，完成冲裁。冲裁时要根据零部件形状合理套裁，见图5-2-4。

图5-2-4　机器开裁

三、胶黏工艺与流程

胶黏工艺是指把面料与衬料通过黏合剂黏合成一体的过程，常用于箱包材料的托底处理，要求面料表面平整、不起壳、无起楞、无浆渍。该工艺中使用到的材料包括纸板、垫料和黏合剂。

1.纸板

纸板主要包括木浆纸板、草浆纸板和钢纸板。木浆纸板的密度大，抗冲击性能好，采用模压工艺能制作箱壳及衣箱的骨架部分。草浆纸板的物理性能及技术条件比木浆纸板低，不能适应模压工艺，常用来制作硬质包袋的芯材。钢纸板是以硫酸盐木浆或棉浆为主要原料，经过适当打浆、抄造和浓氯化锌溶液浸泡，然后再经过脱盐、层压黏合、老化、干燥、整型而制成。

2.垫料黏合剂

垫料黏合剂主要有露华里、海绵、珍珠棉、聚氨酯纤维、PVC泡沫塑料、无纺布等。其中，珍珠棉是一种新型环保包装材料，它由低密度聚乙烯脂经物理发泡产生无数的独立气泡构成，具有隔水防潮、防震、隔音、保温、可塑性能佳、韧性强、循环再造、环保、抗撞力强等诸多优点，亦具有很好的抗化学性能，是传统包装材料的理想替代品。

黏合剂是以黏料为主剂，配合各种固化剂、增塑剂、稀释剂、填料以及其他助剂等配制而成的。最早使用的黏合剂大都来源于天然的胶黏物质，如糊精、骨胶等。现在大都是利用合成高分子化合物为主剂制成。根据其用途分为部件预黏合用黏合剂和整个包或部件正式黏合用黏合剂。预黏合黏合剂主要起折边和临时固定部件的作用，如汽油胶（天然橡胶黏合剂）、糯米糨糊或化学糨糊、309胶、透明胶、双面胶纸、皱纹肢纸等。正式黏合用黏合剂主要起永久性固定的作用，如氯丁胶（万能胶）、过氯乙烯黎合剂等。

3.黏合流程

先检查皮料的表面情况，注意伤残位置；再肉面揩水并等待10～15mm，使皮料柔软；然后按规格裁好托料，并涂上黏合剂；最后把面料与托料复合到一起，从中间向两边推动使黏合牢固。如果是人造革或纺织材料，则先胶黏托底再进行开裁，见图5-2-5。

四、片削工艺与流程

片削是使用铲皮机将皮革全张片薄或将边缘部位片成坡面，从而适合下道工序加工的要求。目的是使零部件的连接处、折处、压茬处平服、整齐、美观，避免因零部件接缝、折边、压茬部位过厚，影响产品的质量和外观。

图5-2-5　胶黏托底工艺

1.片削工艺

（1）通片：把零部件整片进行片削的过程，叫通片。通片有平刀片削和圆刀片削两种。平刀片削一般适用于硬革和厚革，如照相机皮袋的胖面、墙子部件等。圆刀片削一般适用于把手面料、包扣皮、包边皮、嵌线皮、滚边皮等部件。

（2）片边：将零部件的边缘按产品工艺质量要求片成斜坡状的过程叫片边。如皮箱、皮包、票夹等零部件的折边、压茬、缝合等部位。片料操作主要应用在较厚面料上，如牛皮面料。

2.片削流程

一种是手工片削，另一种是机器片削。目前工厂普遍采用机器片削，操作前，先调节好压脚与圆刀之间的距离，使片出的皮革厚度符合要求，然后用右手的拇指捏住部件的一角或一端，将部件送入压脚与圆刀之间，随送料棍的转动顺势拉出片好的部件，同时，左手将未片的部分逐渐送入铲皮机直至完成，见图5-2-6。

图5-2-6　片削流程

五、边缘修饰工艺与流程

1.折边

折边是将片削过边缘的零部件，按技术要求将边沿多余部分皮料折倒用黏合剂黏合的过程（图5-2-7）。折边需要的工具有锤子、剪刀、锥子、黏合剂等，使用的黏合剂要视皮革而定性质，通常有用氯丁胶、汽油胶和聚乙烯醇等。

折边需要的折边量通常为2分或10～20mm。根据各种箱包产品的边形规律，折边大致可分为折直边、折凹边、折凸边、折凹凸边四种形式。在这四种形式中，又有折虚边、折实边之分。它们的主要区别是在虚边内无内衬，而实边内内衬有硬纸板。

2.油边

油边是边缘修饰的一种常用方法，它通过涂饰各种色彩的边油来进行装饰。边油主要起装饰和美化切口为毛边的部件边缘，油边工艺对包袋细腻、精巧的设计风格表现鲜明。常用的涂饰剂有乳

图5-2-7　机器折边

酪素涂饰剂、丙烯酸树脂涂饰剂等，它们的涂饰原理是在皮革表面能生成一层保护膜，成膜具有透明、柔韧、富有弹性、耐光、耐老化、耐水等优良性能，在配方中可以加不同染料以满足不同颜色的需要。

油边流程：先按工艺要求把边缘裁切平直，边缘无毛刺；再将裁切好的边缘用熨斗或烙铁在边缘上起线，要求线条清晰，同时不可烫伤皮革表面；然后用砂纸在边缘砂磨，将部件边缘绒毛砂去，部件表面光洁；接着根据工艺上要求的颜色用边油进行涂饰，温度一般为30～40℃；使用烘干设备使边油干透后，在部件边缘揩上光亮剂。油边一定要平顺，表面无气泡，在边缘位置有弧形凸起，边油浓度要适中（图5-2-8）。

图5-2-8　油边

3.滚边

滚边有本色边和异色边两种。滚边前，裁切好滚边条，并把部件边缘片削好，滚边条一般要求通片，厚度为0.3～0.5mm，将部件与滚边条黏合，然后在缝纫机上缝合。

4.镶边

镶边是边缘修饰的另一种工艺方法，由于皮革本身的厚度有时并不能满足产品的需要，为了确保边缘厚度需要，用镶边的方法来达到零部件边缘所规定的厚度。需要将产品部件需要镶边的边沿厚度片削均匀，将裁切成宽度为15～20mm厚镶边皮条片削一边成斜坡状，然后在部件的边沿上涂上胶黏剂，最后把镶边皮条黏合在边沿上，推平后再用锤子敲牢。

5.撩边

首先要将部件边缘砂磨圆滑，在部件边缘打孔，然后用皮条、粗线等材料进行穿插撩缝，要求缝迹均匀，这种工艺通常起到明显的装饰作用。

六、补强工艺与流程

在箱包制作中，在部分受力部位或易磨损部位要做补强工艺，每个加工厂的工艺各有其技术特点，且真皮和PU皮的做法也不尽相同。

1.耳仔补强工艺

（1）耳仔油边加托补强技术：防止受到拉力后从边上开始爆裂、断裂。耳仔用到的面料是：A\D面料、B补强里、C皮糠纸，厚度根据情况而定，起到的作用是为了使耳仔有厚度感和硬度。E用胶水黏合好后一起裁剪，F裁好后进行油边。G打好钉要进行5kg的拉力测试，保证不会掉落。

（2）耳仔折边托底补强技术：防止耳仔边缘受到拉力后产生爆裂、断裂现象（图5-2-9）。

A耳仔料裁片。B皮糠纸加强耳仔的硬度和厚度C补强（里布）和B（皮糠纸）一样大小（皮糠纸和补强里用胶水黏死在一起开料。）D皮料和皮糠纸各自刷好胶水后进行粘贴E折边位为5～6英寸，刷好胶水后进行折边。F打好钉要进行5kg拉力测试，保证不会掉落。

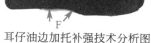

双层中夹皮糠纸加里布做 3mmh后油边

耳仔油边加托补强技术分析图

正面　背面

耳仔折边托底补强技术分析图

正面　C B A

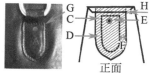

车手挽耳仔补强分析图

正面

图5-2-9　耳仔补强工艺

（3）车手挽耳仔补强技术：加强耳仔在大身上的受力力度。A耳仔车在大身上的正面图。B耳仔车在大身上的背部图。C尼龙或者里布补强，延伸到袋口折边。D车耳仔的底线。E打蘑菇钉加固胶垫片来支持力度，打好钉用5kg的拉力测试，保证不掉落。F车耳仔的底线跟补强边距为2英寸。G横线为复针车线，防止在用的过程中掉线。H线头进行刷胶水，防止线头松动。

2. 手挽托料和两头散口油边技术

由于手挽部位是箱包的主要承重部位，使用频率频繁，为了防止手挽爆裂，通常需要在手挽上做补强工艺（图5-2-10）。

（1）A裁剪好的正面图。

（2）B托0.6mm杂胶（托好一起裁剪），正常情况下开斜纹，包好棉芯，防止褶皱。

（3）C铲5/16英寸折边位，帆布托死在料上，然后进行折边。手挽折边是为了防止温度低造成手挽边缘爆裂，所以不做油边。

（4）D加补强：0.6mm皮糠纸托好里一起开，黏死在手挽的两头。

（5）E皮糠纸铲斜薄示意图（防止做好后表面起波浪）。

（6）F和五金接触摩擦位，补强加到边，防止在受到拉力后从边上开始爆裂、断裂。

（7）G留1英寸不到边位，在对贴后减少厚度，能够同F位的厚度呼应。

（8）H先油F位，然后放好棉芯，放好五金，对贴回来后再进行其他的油边。屈回两头收口的位置，要在2分的位置开始向内收口，防止做好后看到收口位。锁一针，收口位车线重三针，不能见到棉芯，制作完成。

3. 插袋补强操作

箱包的口袋部件通常直接车缝在扇面上，而且使用率比较高，容易造成扇面的破损，所以要求用补强工艺固定袋口以避免使用时破损或松弛。以插袋为例，通过在受力部位加三角线和托底等工艺来补强，见图5-2-11。

4. 常用五金配件装配工艺

在箱包产品的设计中，五金件的设计使用除了在视觉上有画龙点睛的作用之外还有重要的紧固作用，所以五金配件装配过程的补强工艺是优质箱包的核心工艺之一。以鸡眼及螺丝五金装配为例，见图5-2-12。

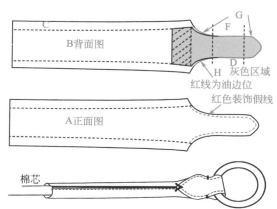

B背面图　G F D H灰色区域　红线为油边位　红色装饰假线

A正面图

棉芯

手挽托料和两头散口油边技术分析图

图5-2-10　手挽托料和两头散口油边技术

插袋补强操作示意图

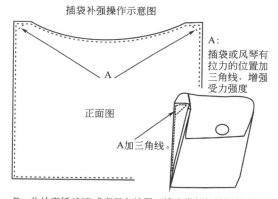

A

正面图

A加三角线

A：插袋或风琴有拉力的位置加三角线，增强受力强度

B：此处底托420D或者里布补强，线头进行打结刷胶水

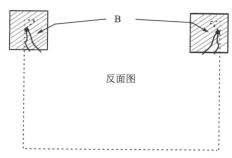

B

反面图

图5-2-11　插袋补强操作

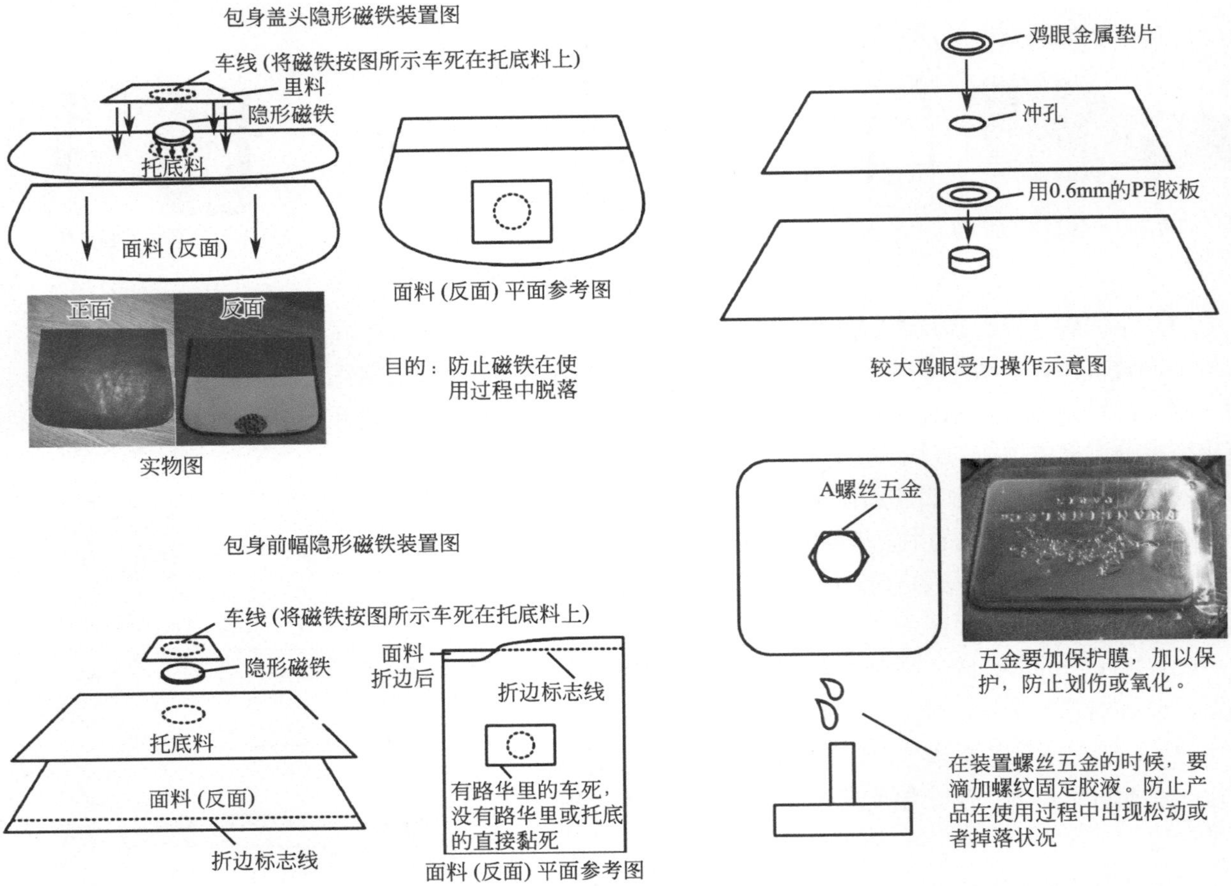

包身盖头隐形磁铁装置图

车线（将磁铁按图所示车死在托底料上）
里料
隐形磁铁
托底料
面料（反面）

正面　反面
实物图

面料（反面）平面参考图

目的：防止磁铁在使用过程中脱落

鸡眼金属垫片
冲孔
用0.6mm的PE胶板

较大鸡眼受力操作示意图

包身前幅隐形磁铁装置图

车线（将磁铁按图所示车死在托底料上）
隐形磁铁
托底料
面料（反面）
折边标志线

面料折边后
折边标志线
有路华里的车死，没有路华里或托底的直接黏死

面料（反面）平面参考图

A螺丝五金

五金要加保护膜，加以保护，防止划伤或氧化。

在装置螺丝五金的时候，要滴加螺纹固定胶液。防止产品在使用过程中出现松动或者掉落状况。

图5-2-12　常用五金配件装配工艺

第三节 ▶ 缝制工艺

缝合是连接箱包各零部件的主要手段。通过缝合才能使分散的零部件装配成一个完整的产品，缝合工艺是箱包产品操作过程中的主要部分。其中针脚又是缝合的具体体现，针脚除了起连接作用外，也起到装饰和加固作用。

一、缝制设备

由于箱包的常用材质比较特殊，所以需要专业的缝制设备。箱包板房必备设备为高车、步（针）车、柱车等，见图5-3-1。

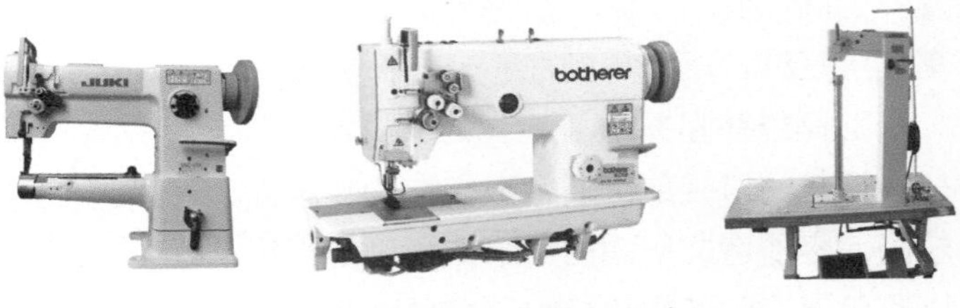

图5-3-1　高车、针车、柱车

1.高车

高车，即高车小嘴缝纫机，一般是采用水平式送料方式或筒式单针综合送料缝纫机，适用于包边缝纫和箱包袋口的套口缝纫。具有转速高震动小、噪声低、线迹美观整齐等特点。

2.针车

箱包用的针车需要缝厚能力强，层缝性能好，缝针距误差小，缝制的产品线迹平整，适合于缝制皮革、人造革、帆布等中厚料的箱包制品。

3.柱车

柱车有竖长柱状形的釜座设计，采用特殊设计的针板，可适用于缝制具有小曲度的手提袋的底部、边缘和角隅等箱包细节，也适用于缝制大型且立体的箱包。

二、缝制工艺

在箱包产品的制作中，主要以机器缝合为主，大致可分为7种类型。

1.压茬缝法

压茬缝法是先把上压件的边缘折光或毛边，在下压件边缘上划好缝针线迹并涂上黏合剂，下压件边沿片削粒面层，然后把上压件边沿压在下压件的边沿上相互重叠。重叠量的宽窄度根据需要缝线的道数而定，缝制时先缝第一道线，第一道线离边有一定距离，第二道线离开第一道线一定距离，有些可以缝双线的缝纫机可以一次完成。

2.反缝法

反缝法是将两部件面与面重合在缝纫机上进行缝制，缝制线迹在部件的反面，埋反和驳反时有规定宽度，落骨埋反时留边沿宽度。缝合后将两部件展开垂直或摊平，有时需要在缝线的两边各缝一道缝线，从而使部件之间的连接更为平整。

3.翻缝法

翻缝法是在反缝的基础上进行的，多用于箱包产品的镶边、沿口和包底部。缝合时把片削过的两个部件，面与面重合两边并齐，先在离边一定距离处缝一道线，然后将两部件展开摊平，使反面与反面重合，把缝合处刮平服，再在离边一定距离处各缝一道线。

4.滚缝法

滚缝法是在反缝的基础上进行，常用于部件边缘的滚边。缝合前，裁切好本色或异色滚条皮，滚条皮的厚度应片削均匀。把片削过的两部件面与面重合两边并齐，在离边2～3mm缝道线，然后将两部件展开，把滚条皮折向反面，在滚条皮反面涂上黏合剂，部件边沿反面上口涂上黏合剂，在正面滚边的边缘缝一道线。这种缝法的特点是边缘圆润、光滑、牢固。

5.包缝法

包缝法是将一个部件包在另一个部件的边缘上，缝合前，把部件边缘裁切平直，划好包边线的位置，裁切好包边皮，同时把包边皮的厚度片削均匀。在包边皮的反面涂上黏合剂，把它黏在另一部的边缘上，然后等黏合剂干燥之后缝一道线。常用于皮箱包口、袋口和包盖包边。

6.嵌线缝法

嵌线缝法是将两部件连接缝合并在中间镶嵌线。嵌线有实芯嵌线和虚芯嵌线两种。常用于软箱和软包的扇面和墙子交接处。实芯嵌线在嵌线中间裹有纸芯纸、纱芯纸和塑料筋，嵌线中间裹芯产品成型后线条轮廓圆润丰满，虚芯嵌线在嵌线中间不裹芯。缝合前，先把两部件边缘裁切好，厚薄片削均匀，同时把嵌线皮裁切好。嵌线皮的长度为部件边缘的周长。

7.装饰缝法

装饰缝法包括平缝和花色针脚缝法，都是在平面上缝线的方法。这种缝法往往只是用于装饰，缝制时先在表面上画好图案纹路，然后按画好的线迹采用装饰目的的缝线方式进行缝制。

三、缝制流程

箱包在缝制过程中遵循先零后整的规则，在缝制前要在台面工作中做好辅助工作，比如做好弯曲度等，见图 5-3-2。不同箱包类别和款式的制作流程略有不同，应当依据最少工序和效率为先的原则来安排流程，基本流程如下。

图5-3-2　台面准备工作

（1）完成外部次要部件：比如手挽、肩带、口袋、耳仔、链贴等。

（2）定位组装在外部主要部件上：前后扇面上要组装好手挽、锁扣以及装饰裁片等，侧围要组装好肩带耳仔等，并做好补强和边缘修饰工作。

（3）箱包袋盖比较特殊，通常和袋盖里布一起制作，并组装好钎舌、锁扣、磁钮等待用。

（4）完成外部部件的组装：如果有侧围，需要先将前后扇面缝合，再缝制袋盖，再缝制侧围。

（5）完成内部部件的组装：在里布上做好相应的口袋，并缝制成一个整体待用。

（6）完成成品，将外部部件和里布通过袋口组合在一起，如果有链贴，则先将链贴和里布组合在缝制袋口，见图5-3-3。

图5-3-3　缝制整合

第四节 ▶ 旅行箱制作工艺

箱包中的箱包括家用衣箱、旅行箱、公文箱和各种专业用箱，例如小提琴箱、医生药箱等。其中旅行箱是使用最为广泛的一种品类。根据材质来分，旅行箱大义上分为硬箱和软箱两大类，硬箱材质有ABS、PP、PC、铝镁合金等；软箱材质有PE、EVA、尼龙、牛津布、涤纶、皮革、PU人造革等，见图5-4-1。

旅行箱的色彩多以黑色、红色、蓝灰色等单色为主，近年来金属色和靓丽色彩也渐成趋势。设计风格也逐渐多样

图5-4-1　新秀丽的硬箱和软箱

化：可爱风格的儿童旅行箱多用卡通元素；女性旅行箱多用精美纹样的时尚风格；科技感十足的简约风格以及带有怀旧元素的复古风格也是流行趋势，见图5-4-2。

| 可爱型 | 简约型 | 时尚型 | 复古型 |

图5-4-2　不同风格旅行箱

虽然旅行箱的设计受到材质和工艺技术方面的限制不能过于随心所欲，但是，随着人们对设计要求的提升，许多品牌在研究旅行箱结构和功能方面的创新设计之外，还推出具有原创DIY概念的旅行箱。例如以机场地板为设计灵感，创造出带有"点滴"效果的"DOP-DROFS"品牌，使用者可以在旅行箱表面的点状凸起上粘贴不同色彩的圆点形成个性图案，以便在机场行李传送带上迅速寻找到自己独特的旅行箱，见图5-4-3。

图5-4-3　DOP-DROFS旅行箱的DIY图案

一、钢口胎线缝软箱制作工艺

1.钢口胎工艺

用裁板机将冷轧板按要求裁下。裁好后，用压筋机压筋，用冲床冲眼，然后，将冷轧板的两头按规定尺寸冲扁，用握角机握角成型。

将直径为3mm的钢丝按尺寸裁下后伸直，握角成型并整形。

2.裁料工艺

（1）选料：选用牛津布、人造革、尼丝纺等面料，要求材料有一定厚度，材料表面光泽度好，无皱褶和残次，色泽一致。

（2）裁料：严格按照样板尺寸进行裁剪，如果有纹理请注意对正，需要用刀模下的面料注意两边对称，无毛刺，同时一定要注意横纵丝道的使用。裁箱里子时，一般用纺织材料等，要求色泽均匀无色花，如有不平现象，要用熨斗熨平后按样板下料。

3.黏合工艺

将裁好的面料按样板尺寸要求定好规矩点，规矩点不可点的过大，以免造成材料伤残，凡需要折边的部位，必须按要求制作，宽窄一致，均匀平直。

4.缝制工艺

（1）按规矩点将箱面带子缝好，要求两线间距一致，针码均匀。

（2）上牙条时，四角要均匀，压条距边一致，压条口一般留在箱的下部，接缝长为5mm，要求上下线结合紧密，里布平直。

（3）接墙子时，严格按照规定尺寸缝合。

（4）合包时先将前片对准规矩点进行缝合，然后再合后片，合包要正，四角平行，合包的同时要将拢带一并缝合，商标要钉在明显的位置上。

（5）缝提把、把鼻按规矩点缝好把手把鼻部件。

（6）里布制作时，先裁里料，再缝内袋，然后缝底里，最后包边。

5.铆合工艺

（1）把铆好的钢圈放入缝合好的包内铆箱胎，用电钻在钢圈的中间打眼，先将钢圈固定在包内，然后再铆合它，铆提把要牢固，钉子长短要适宜，铆牢、铆平、无毛刺。

（2）铆箱轮位置要对称，牢固，箱轮转向要灵活，铆箱轮两边的钉子时，底纸板要放平，底纸黏平、黏牢。

（3）铆钎长短要适宜，牢固，位置合理，松紧适宜。

（4）铆拉带要正，牢固，位置适宜。

（5）最后包铁口布

（6）内袋四合扣要铆牢铆正。

二、旅行软箱制作工艺

1.裁料工艺

（1）衬料的下料：操作人员操作机器，严格按规格尺寸裁料，合理排料，正确使用材料的横纵丝向，同一部位要求面里一致裁，料后数量准确，排放整齐。

（2）皮革、人造革等裁料。先检查样板是否准确完整，工具完好，尺杆要直，裁料刀要锋利。严格按样板尺寸要求下料，合理排料，使用面料的竖丝。下料边要直，圆角顺滑。

（3）布、塑料布等裁料。按样板和尺寸要求，正确使用电剪刀，合理排料。

（4）裁片要求完整无缺，无毛刺。严格按规格尺寸裁剪拉链，剪口整齐、准确，并严格按样板要求点位，画定位线。剪口要对称、准确。

2.箱框的成型

（1）钢丝制作：先根据加工钢丝的规格要求，选择符合规格要求的盘圆，调定裁断尺寸，操作钢筋调直切断机将钢丝调直下料。然后根据样板尺寸要求，检查钢丝是否符合规格和质量要求，安装好所需弯度的模具，定好折弯位置后折弯，要求折弯弧度及位置符合样板尺寸要求。最后根据不同规格的钢丝，选用合格的封口片，封口时双手握稳钢丝，对接严紧、封牢。操作中拿取钢丝严禁生拉硬扯，防止钢丝变形。要求钢丝规格角度符合样板尺寸要求，四角圆顺，接口封牢，无明显毛刺。

（2）钢口制作：首先根据钢口的规格要求，选择符合规格要求的带钢，按所需长度准确调定下料尺寸，将锯板经压筋机挤压成型截断，起筋居中，均匀一致。再将起筋钢板两端经压力机做扁，扁长5cm使用可倾斜式曲轴冲床，在扁上做接底板孔眼，孔眼长度位置严格按样板尺寸定位冲孔。然后根据样板尺寸要求制作钢口，安装好所需模具，定好折弯位置，开口圈接头两端长度、弧度一致。最后根据钢口尺寸定出焊接点，焊接钢口时，钢板起筋重合，焊在接头处，两接头边各一焊点。

（3）制作塑料口：首先根据产品货号，塑料口规格要求检查蜂巢板的质量、规格尺寸是否符合要求。再将烘箱温度按照规定定好，将符合要求的板材放入烘箱。加温时进行翻倒，使之加温均匀。然后选择正确的模具，操作折弯定型机，将加温好的板材迅速准确地装入模具，使板材紧贴内模，扣紧外模后，浇水定型。定型出模后，箱口整齐码放。

（4）接口：严格检查箱口尺寸是否满足尺寸要求。大于尺寸时用电锯去掉多余部分，不足时用料头补齐。对接塑料口接茬要齐，两口径尺寸一致，不得有边、残缺。

3.箱面成型

（1）黏压：压合前，检查面料、EVA板材、塑料薄膜质量和规格尺寸。根据EVA板材的规格、厚度，按要求准确调整压合机时间、温度、工作压力。压合后，大面平整清洁，无布面折皱、脱层现象，并整齐摆放。

（2）压EVA箱壳：准确安装模具，根据EVA板材的型号、规格调整压壳定型时间，烤箱加温时间。现将黏合后的板材布面向下放入烤箱加温，板材加温后迅速放入模具，板材居中，留边基本一致。要求箱壳鼓型饱满，表面图形清晰，箱壳四边基本一致，箱壳边缘干净。

4.缝制部件

（1）根据不同部件的缝制要求安装对应压脚，并调节针脚线距，换成与面料颜色一致的缝线，要求线路平直，上下线吻合，平行缝线距离一致。缝零部件按定位要求缝制准确。

（2）制拉锁要求：松紧适度一致、平服、开合流畅，拉锁布边间距一致。

（3）上牙子要求：四角对称，大面平服，无褶皱，距边一致，直边平直，弧边圆顺。牙子接头一般在大面底部。

5.箱体成型

（1）在缝纫机上安装专用压脚和专用工具，依据样品或首件产品检查工序是否合格。

（2）合箱距边一致，墙子与大面规矩点对齐。四边平整，四角圆顺、对称，沿条包边要包紧、包牢，沿条接头在箱内底部中间。

（3）商标缝在箱盖里左上方处。拢带缝制位置对称，底后背缝制底部居中。

（4）合箱完成后，翻箱整理，按样品和各工序要求，检查各部件缝制是否齐全、正确。箱面、箱体平整无皱褶。用剪刀剪净箱体内外线头，使箱内外洁净、无线头，翻整好的箱体要周正。

6.组装成型

（1）包钢口：塑料布要平整地包在钢口上，松紧适宜，包紧包牢。开口圈两接头处挂住，四角用胶带纸黏牢，整钢口四角和接头处均用胶带纸黏牢。

（2）包塑料口：在口外面中间黏2cm宽双面胶一圈，将包口布一边平整地黏在胶带的1/2处，包口再黏住另一边，包口时松紧适宜，包紧包牢。包口布对缝要齐，不得有重叠。在对缝处加胶带纸固定，包口完成后，口内外平整、洁净。

（3）包钢丝牙条：操作时检查钢丝、塑料牙条是否符合规格尺寸、质量、颜色等要求。使用穿牙条专用工具，将钢丝包在塑料牙条槽内，塑料牙条接头在底边中间，留搭茬重叠余量5～10cm。

（4）开口圈铆接底板：严格按尺寸定口，底板距中，铆牢，使用钢钉规格参照《软箱钢钉使用规格表》。

（5）装口：装口要正，塑料板、纤维板、五合板装置到位，装好后要求箱体平服、周正，四角圆顺、饱满。

（6）安铆提把等配件：安铆箱提把时，先按规矩点经冲孔机准确冲孔，根据不同的把手，选择合适的螺丝或钢钉。把手安铆要端正，且使用灵活。小车和底脚，按铆距中，用电钻打眼，用铆钉机铆牢固。拉链锁按规矩点安装端正，使用时开合灵活。泡钉、标牌按规矩点安铆牢固，位置适宜。

7.整理验收

（1）整理：软箱成型安铆完成后进行整理时，用剪刀和带风焊枪清理内外线头，清理污迹，封好箱里，用热熔枪黏牢后背底板。

（2）验收：验收人员按《软箱质量检验标准》参照样品或首件，对产品逐件整理验收，箱体内外无污染、无线头、无伤残，各种配件安铆牢固，位置准确，箱子平整、饱满，箱体内放置相应的说明书、附件，箱体外加挂吊牌等。

8.包装

（1）箱内包装：按规格尺寸包装塑料袋，塑料袋不宜过松过紧，封闭好，提把处需要剪口。

（2）外包装：按规定要求数量装纸箱，数量准确，松紧合适，必要时加防摩擦措施，纸箱说明填写字迹清晰正确、齐全。封箱用胶带，松紧适宜，焊接牢固。

第六章

箱包制版及制作流程

本章以典型的箱包品类作为案例演示其制版和制作流程，以便让设计人员直观明了地了解不同款式箱包设计的结构要点和制作工艺。

第一节 ▶ 箱包局部部件制作流程

箱包部件包括外部部件、内部部件、中间部件和其他辅助部件。这些部件相辅相成，共同形成箱包的造型和风格，其中口袋、手挽（手把）、挂饰、钎舌等对箱包的外观和功能都起到了核心作用。本节重点介绍常用口袋和基本造型手挽的制作流程。

一、口袋制作流程

箱包的口袋可以设计成外袋，也可以设计成里兜。不管是在包袋外部还是在里部，口袋的结构特点和制作方法是基本一致的，但在材料使用上有所区别，外袋使用主料，里兜多用里布等纺织材料。根据口袋的结构特点，可分为贴袋、立体袋、挖袋等，见图6-1-1。

| 贴袋 | 底部打褶贴袋 | 立体袋 | 风琴袋 |

| 挖袋 | 双嵌条拉链袋 | 贴边拉链袋 |

图6-1-1　各类口袋汇总

（一）贴袋

贴袋在箱包口袋中占比例较大，特点是由一面裁片构成。根据口袋裁片的不同结构可分为长方形贴袋、袋口有折褶的贴袋和底部打褶的贴袋等，下面介绍其中两种。

1.长方形贴袋

（1）获取数据：根据设计获取尺寸信息，贴袋长度可根据设计需求自定，宽度通常14cm左右（以手掌大小为参考数据），此处尺寸设计为宽14cm、高13cm，要求根据造型净尺寸制版，见6-1-2。

（2）纸格制版见图6-1-3。

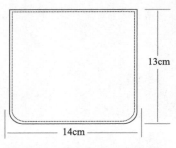

图6-1-2　贴袋设计图

图6-1-3　贴袋纸格制版

① 做十字线基础纸版：根据所要制作的纸格尺寸，截取一块大于该尺寸的纸片备用。使用直尺，找出大致纸片纵向中线位置，然后用刀片轻划出印记（不切断纸片），并沿着划痕对折纸片，在找出纸片大致横向中线点后用锥子戳点，展开纸片连接两个锥点可以得到十字定位线。用刀片按横向十字线裁切，得到基础纸版。

② 对折十字线基础纸版，贴袋宽度尺寸的一半，约7cm，在纸版底部和中部用锥子戳点，连接两点用刀片裁去多余部分，得到宽度为14cm的贴袋半成品纸版。

③ 再从十字线底部量取贴袋高13cm并用锥子戳点，打开对折的纸版，用刀片连接两点并裁去多余部分，得到宽度为14cm、高度为13cm的贴袋半成品纸版，最后按中线对折纸版，在底部用刀片刻出贴袋圆弧，完成贴边口袋正格制作。

（3）台面处理和缝制：由于贴袋制作比较简单，通常只要根据正格裁料，托底和油边就可以晾干待用了。在箱包大身上根据正格进行定位，将贴袋直接车缝在袋身上即可。

2.底部打褶的贴袋

（1）获取数据：口袋成型尺寸为14cm×13cm×3cm，以大于手掌大小为参考数据，见图6-1-4。

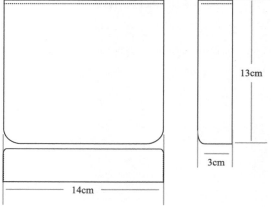

图6-1-4　底部打褶贴袋三视图

（2）纸格制版：制正格版，步骤同长方形贴袋，贴袋长度可根据设计需求自定为13cm，袋口宽度通常为14cm，袋底部宽度为3cm左右，各放出1分位即0.4cm，内移1cm定打角位；底部下移等宽1.4cm，打0.2cm斜角。

制作物料格，四边放缝1分半，即0.5cm；打角部位放缝1分位左右即0.3cm或0.4cm，如图6-1-5所示。

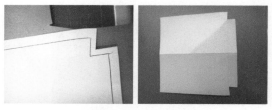

图6-1-5　纸格制版

（3）台面处理见图6-1-6。

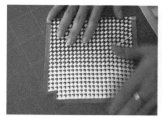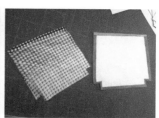

图6-1-6　台面处理

① 使用物料格裁剪物料，使用正格裁剪托料。

② 将物料格四边涂刷1cm左右宽度的胶水，垫入托料并折边，用锤子敲打平整。

③ 使用正格制作里布格，袋口部分放缝边1cm，并用双面胶折边固定。

（4）缝制成型：见图6-1-7。

① 将里布和物料对位，袋口里布略低于物料进行1分位（0.4cm）缝制。

② 将袋底部打角连里布一起缝制。

③ 翻角并将其放置在大身相应位置进行1分位（0.4cm）缝制，完成整体口袋。

（二）立体袋

立体袋是指由袋面、口袋全侧围或半侧围组成的，呈立体形态的口袋，它的内部空间容量较大，包括墙子兜、风琴袋等类型。

1.墙子兜

墙子兜是指有一面兜扇和墙子，周边固定在包体表面或里布表面的口袋。

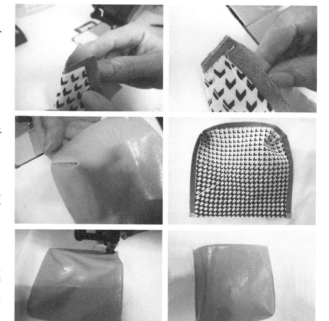

图6-1-7　缝制成型

（1）获取数据：见图6-1-8。根据设计图稿获取数据，由于该口袋为立体形态，需要绘制三视图才可以表达清晰，口袋成型尺寸为14cm×13cm×2cm。

（2）纸格制版：见图6-1-9。获取数据信息，贴袋高度可根据设计需求自定为13cm，宽度通常14cm左右，要求根据造型净尺寸制正格版，四边放缝2分位，转角处打三角对位记号；袋口油边不放缝头尺寸。侧围厚度常规为2cm，宽度对袋部分放缝2分位，对大身部分放缝1分位，打十字线并对折侧围纸格，以口袋正格中心为起始点用锥子定位转角得到侧围纸格长度。根据正格放缝边，制作物料格。

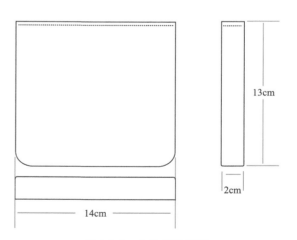

图6-1-8　立体袋三视图

（3）台面处理：见图6-1-10。根据物料格裁料；托底、油边。

（4）缝制成型：见图6-1-11。将侧围和袋面面对面车缝，并翻转将其固定在包身相应位置进行1分位（0.4cm）缝制。

图6-1-9　纸格制版

 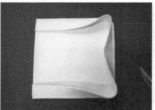  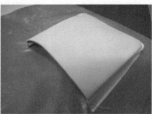

图6-1-10　台面处理

图6-1-11　缝制成型

2.风琴袋

（1）获取数据：见图6-1-12。贴袋长度可根据设计需求自定，宽度通常14cm左右，口袋成型尺寸为14cm×13cm×3cm，要求根据造型净尺寸制版。

（2）纸格制版：见图6-1-13。侧边风琴制格尺寸上下宽度可根据需求设置，长度为口袋转弧位，即搭位，对折得中心线，上移2分位打三角；搭大身的侧边搭位上移1分位，以避免缝制时太厚。使用正格制作袋面物料格（油边不放缝），使用正格袋口位放缝1cm制作里布格，使用侧围正格三边放放缝1cm制作物料格。

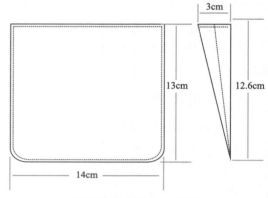

图6-1-12　风琴袋三视图

图6-1-13　纸格制版

（3）台面处理：见6-1-14。使用物料格和里布格裁剪物料及里布。将折位涂刷胶水，贴好里布，侧围贴里布时注意弯位。

（4）缝制成型：见图6-1-15。

① 将里布和袋面及侧围部分在袋口位分别缝制在一起。

② 涂刷胶水，将侧围与袋面对贴，进行1分位（0.4cm）缝制至直线部分，形成完整袋面。

③ 将做好的袋面定位到包身相应位置，车缝侧围固定在包身上。

④ 对齐后延续袋身直线部分，车缝口袋转角及底部，完成整体口袋制作。

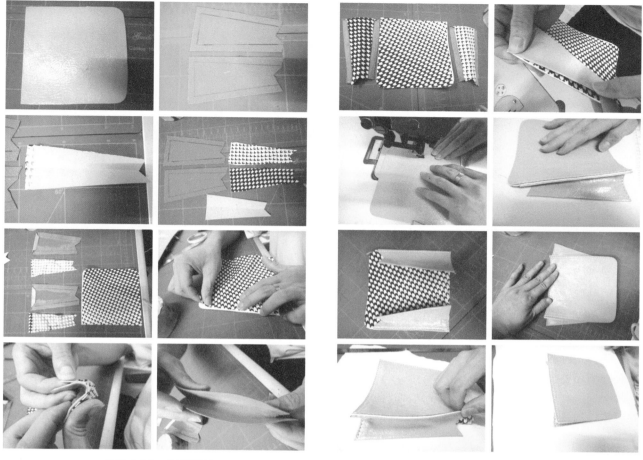

图6-1-14　台面处理

图6-1-15　缝制成型

（三）挖袋

挖袋是指在包体或里布上挖口制作的口袋，挖开部位需要进行镶边、贴边或油边等边缘处理。

1.单嵌条无拉链挖袋

（1）获取数据：见图6-1-16。挖袋成型尺寸为18cm×12cm，以大于手掌大小为参考数据。

（2）纸格制版：见图6-1-17。由于挖袋直接挖在物料上，所以选取需要开挖袋的物料格，在确定位置处绘制袋口长度。袋窗口宽度开4分位，嵌条纸格对折后留3分位宽度，留3分位搭位。

（3）补强定位：见图6-1-18。

① 在物料相应位置挖开袋口。

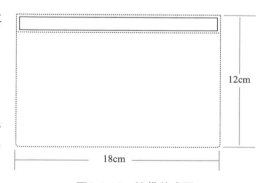

12cm

18cm

图6-1-16　挖袋款式图

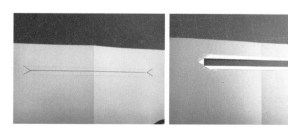

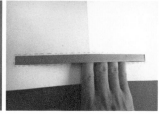

图6-1-17　纸格制版

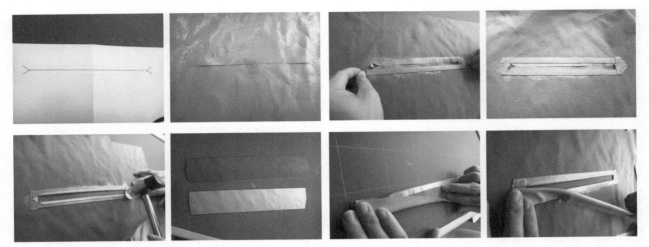

图6-1-18 补强定位

② 取固定尺寸（1cm）的杂胶边条待用，在袋口边涂刷胶水；将边条沿袋口贴好，厚物料贴薄边条，薄物料贴厚边条。

③ 涂刷胶水，将袋口折边，使用专用榔头敲平整。

④ 单边嵌条边位刷胶水（图示中双面胶位置，折线位不刷胶水以保持自然弯位），并对折待用。

⑤ 将插片对位贴好。

（4）里袋制作。

① 用物料制作口袋贴边，长度与插片一致，宽度大于4分位。

② 根据需要的袋子长度剪裁里布，并将里布与袋口贴边搭位拼接。

③ 将里布对位贴在开口处。

（5）缝制成型：见图6-1-19。沿包袋正面四边点位缝制；袋口正面车缝一半，将里布翻至另一边，再车完四边；在缝制过程中注意要翻折口袋布，以免缝死。

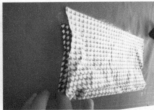

图6-1-19 缝制成型

2.双嵌条拉链袋

（1）获取数据：见图6-1-20。双嵌条拉链袋成型尺寸为18cm×12cm。

（2）纸格制版：见图6-1-21。宽度开4分位，插片纸格对折后留2分位宽度，留3分位搭位，制作2片。贴好插片后，背面贴拉链，拉链长度为开窗口两边各加4分位，里布长度与拉链长度一致；贴好后将拉链头取出。

（3）补强定位和里布制作的流程同挖袋。

（4）缝制成型：见图6-1-22。使用里布格裁剪里布，并用双面胶固定在袋口位置。先缝好口袋两边至口袋位；再从正面缝口袋拉链位，车一边线。转到另一边时，将口袋布翻至另一边缝制完四边。

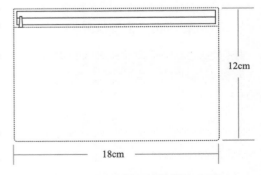

图6-1-20 双嵌条拉链袋款式图

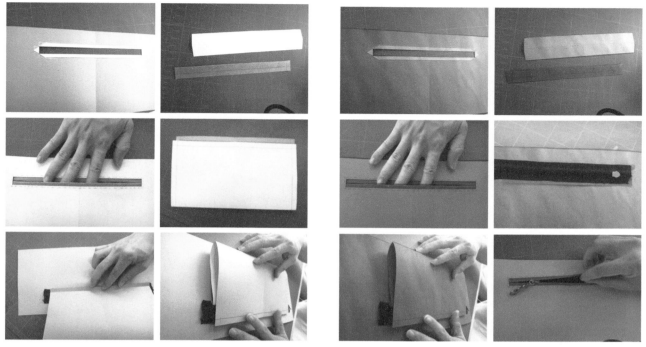

| 图6-1-21　纸格制作 | 图6-1-22　缝制成型 |

3.贴边拉链袋

（1）获取数据：见图6-1-23。贴袋长度可根据设计需求自定，尺寸为22cm×15cm，要求根据造型净尺寸制版。

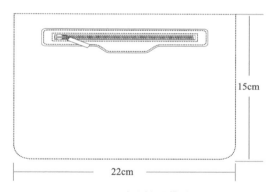

图6-1-23　贴边拉链袋款式图

（2）纸格制版和制作：见图6-1-24。根据设计贴边造型打十字线并切割纸格。将贴边纸格放置在计划开袋大身物料上绘制位置。掏空大身物料，使之大于开袋口，起到铲薄作用。点位，并将贴袋缝至大身，后续做法同双边内装拉链袋口做法。

（3）补强定位和里布制作的流程同挖袋。

（4）缝制成型：见图6-1-25。使用里布格裁剪里布，并用双面胶固定在袋口位置。先缝好口袋两边至口袋位；再从正面缝口袋拉链位，车一边线。转到另一边时，将口袋布翻至另一边缝制完四边。

二、　手挽制作流程

手挽是箱包的提拉部件，通常由皮革、金属、木竹、塑料等各种材料制作，其中金属、木竹、塑料等材料为成型配件，根据手把形状可以分为提拎手挽、肩背带、绳链带和花式手挽等，下面主要介绍由箱包主料制作的圆手挽、肩带、扁手挽等主要类型。

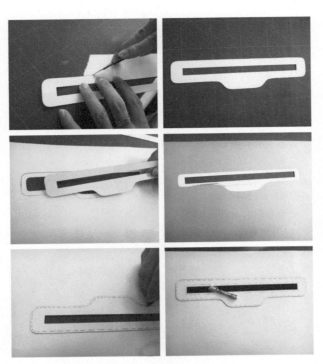

图6-1-24 贴边纸格制版

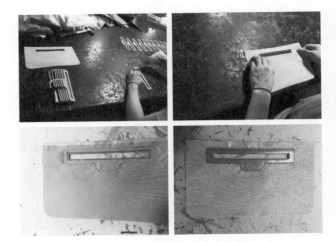

图6-1-25 台面制作及缝制成型

1.扁手挽

（1）获取数据：见图6-1-26。

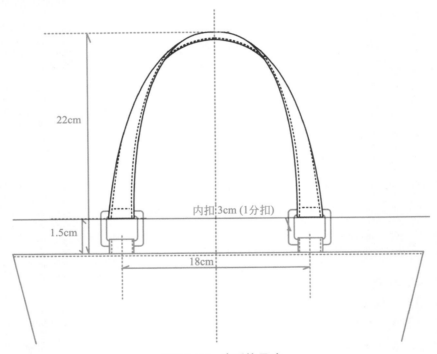

图6-1-26 扁手挽尺寸

① 手挽长度：可根据两个耳仔中心位、手挽中高减去手挽五金扣位离开袋口的距离这两个数据，使用椭圆周长公式推算$L=2\pi b+4(a-b)$，即1/4手挽长度=3.14×耳仔中心位之间的距离/2+（手挽中高+手挽五金扣位离开袋口的距离−耳仔中心位之间的距离/2）。案例：18cm=3.14×6/2+（13+2−12/2）。

② 手挽宽度：根据五金尺寸确定手挽宽度为1寸方扣开5分半宽度，约1.75cm。

③ 肩带长度：分为单肩带和斜跨肩带，长度以成品中高为准，可调节肩带以中间调节扣孔位为长度基准测量。

④ 肩带宽度：与五金针扣大小相关，常规数据有5分、6分（案例）、7分、1寸2分等。

⑤ 调节孔位：通常为5个孔位，相隔1分2(3.2cm)。

（2）纸格制版：见图6-1-27。

① 做十字线基础纸版（同常规做法）。

② 使用钢尺在平行于中线位置用锥子戳点，定位出肩带固定部位的长度（18cm）和宽度（1.75cm），并预留入扣折位长度并进行裁切。

③ 在入扣折位位置向内外各5分位做车缝线定位，同时在外车缝线位继续向外5分做斜铲位。

④ 纸格信息标注：定位信息（车线位、铲斜位、点位）、物料信息（真皮或PU、厚度、纹理方向）、托料信息（各种厚度的杂胶、各种克数的帆布）、纸格数量（肩带×2），见图6-1-28。

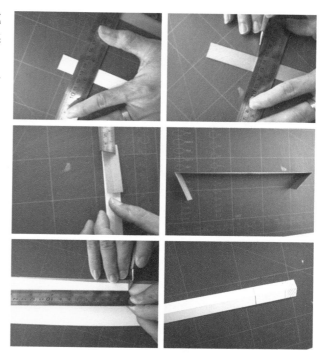

图6-1-27　纸格制版

图6-1-28　纸格信息标注

（3）部件裁剪和处理：见图6-1-29。

① 整片托底：在生产中，由于肩带物料需要整片托，所以通常先托后裁。裁好2片合适大小的物料和一片托料（杂胶），将物料用粉胶黏合杂胶的两面。

图6-1-29　扁手挽制作流程

② 裁料油边：使用正格裁料，把相应的斜铲位进行斜铲，然后手工砂边并油边。

③ 入扣：折回入扣位，用胶水固定，使用同样的方法将肩带其他部位装扣固定。

（4）缝制成型：根据正格上标记位置将扁手挽固定在包身上。

2.可调节肩带

（1）获取数据：见图6-1-30。

① 肩带长度：分为单肩带和斜跨肩带，长度以成品中高为准，可调节肩带以中间调节扣孔位为长度基准测量。常规数据，斜挎中高55cm以上。

② 肩带宽度：与五金针扣大小相关，常规数据有5分、6分（案例）、7分、1寸2分等。

③ 调节孔位：通常为5个孔位，相隔1分2（3.2cm）最后一个孔位离开带尾3寸（7.6cm）。

④ 戒指尺寸：与肩带宽度相关。

图6-1-30　可调节肩带

（2）纸格制版：见图6-1-31。

① 肩带固定部分纸格制作：做十字线基础纸版，使用钢尺在平行于中线位置用锥子戳点，定位出肩带固定部位的长度（20.5cm）和宽度（2cm），预留入扣折位长度并进行裁切。在入扣折位位置向内外各5分位做车缝线定位，同时在外车缝线位继续向外5分位做斜铲位。在其中一边入扣折位中心位置做针扣扣眼。

② 肩带可调节部分纸格制作：基本同上一步骤，使用钢尺在平行于中线位置用锥子戳点，定位出肩带可调节部分的长度和宽度，并进行裁切。其中一端制版方法同肩带固定部位。另一端绘制带尾造型，并进行切割。

③ 在入扣折位位置向内外各5分位做车缝线定位，同时在离开带尾3寸处打最后一个孔位，并相隔1分2（3.2cm）打5个孔位。

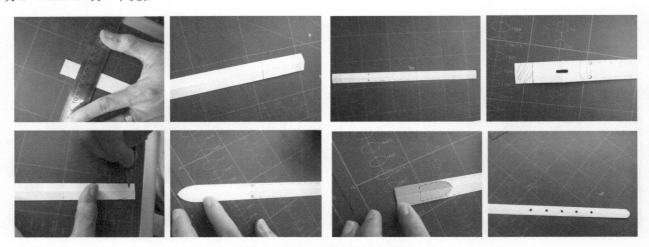

图6-1-31　可调节肩带纸格制版

④ 纸格信息标注：定位信息（车线位、铲斜位、点位）、物料信息（真皮或PU、厚度、纹理方向）、托料信息（各种厚度的杂胶、各种克数的帆布）、纸格数量，见图6-1-32。

（3）台面处理：见图6-1-33。

① 整片托料：肩带物料通常先托后裁；裁好2片合适大小的物料和一片托料（杂胶），将物料用粉胶黏合杂胶的两面。

可调节肩带——固定部分

入针扣折位　手动打洞　戒指位　　　　　　　　　　　　　车缝位　入扣折位　复反搭位车缝线

2cm

物料方向
肩带料1.2厚，托0.6皮糠×2件，油边

铲斜位

5分=1.5cm　　5分　2分半　　　　　20.5cm　　　　　　5分　5分　5分

要求4分以上，物料越厚越宽

可调节肩带——戒指部分

4.8cm　　　碰口钉或车挽固定

2分半=0.8cm

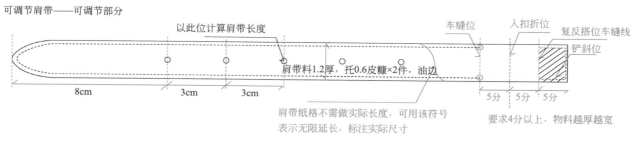

可调节肩带——可调节部分

以此位计算肩带长度　　　　　　　　　　　　车缝位　入扣折位　复反搭位车缝线

铲斜位

肩带料1.2厚，托0.6皮糠×2件，油边

8cm　　3cm　　3cm

肩带纸格不需做实际长度，可用该符号
表示无限延长，标注实际尺寸

5分　5分　5分

要求4分以上，物料越厚越宽

图6-1-32　可调节肩带正格信息标准

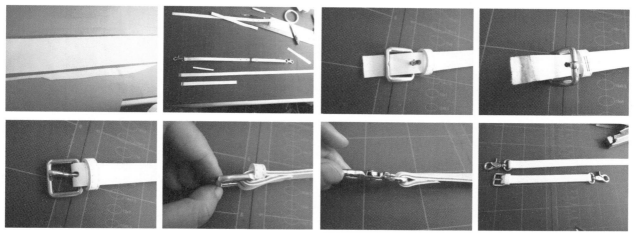

图6-1-33　台面处理

② 裁料油边：使用正格裁料，把相应的斜铲位进行斜铲并作油边。

③ 入扣：点好针孔位，打孔；穿好戒指，将针扣套入；车好戒指，装尾钉做戒指待用；折回入扣位，用胶水固定。使用同样的方法将肩带其他部位装扣固定。

（4）缝制成型：见图6-1-34。沿正格上标记位置进行缝纫，使用正格点位，打调节孔位；完成各部件后，组装在一起。

3.圆手挽

（1）获取数据：见图6-1-35。

① 手挽长度：可根据两个耳仔中心位、手挽中高加上耳仔缝位离开袋口的距离这两个数据，使用椭圆周长公式推算 $L=2\pi b+4(a-b)$；手挽一半长度=3.14×耳仔中心位之间的距离/2+（手挽中高+

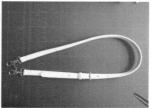

图6-1-34　缝制成型

耳仔位离开袋口尺寸－耳仔中心位之间的距离/2）。案例：16.92mm=3.14×6/2+（11+2.5−12/2。）

②耳仔中心位之间的距离：手拎包12～15cm，肩背15～20cm；耳仔位一般要求离开袋口2.5cm以上；圆手挽碰口位，高出袋口0.5cm以上。

③手挽宽度：可根据意向成品后圆手挽的直径要求结合物料及托料的厚度进行推算；

手挽宽度=2×（手挽棉芯半径＋物料厚度＋托料厚度）×3.14+缝边×2。

案例：38mm=（0.3cm+0.12cm+0.02cm）×2×3.14+5×2。

④常规数据：手挽缝边0.2～0.5cm；手挽棉芯半径0.3cm、0.4cm、0.5cm。

物料厚度0.12～0.14cm；托料厚度，PU包袋使用12安的帆布，基本厚度可估算为0.04cm。真皮包袋使用0.04cm、0.06cm、0.08cm、0.1cm杂胶。

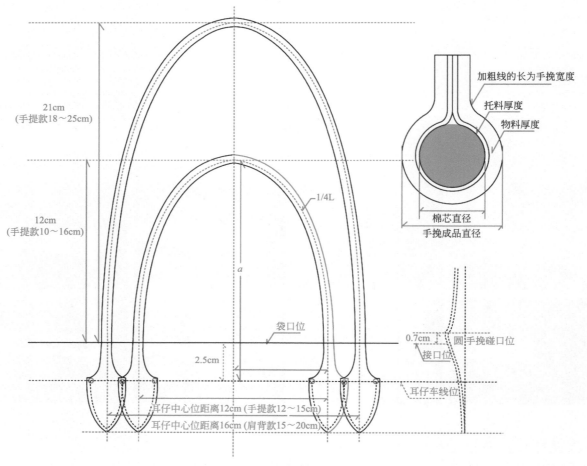

图6-1-35　设计图稿

（2）纸格制版：见图6-1-36。

①根据所要制作的纸格尺寸，截取一块大于该尺寸的纸片备用。使用直尺找出大致纸片纵向中线（图中虚线）位置，然后用刀片轻划出印记，但是不切断纸片，并沿着划痕对折纸片，找出纸片大致横向中线点后，用锥子戳点，展开纸片连接两个锥点可以得到十字定位线。

②绘制手挽形状：使用钢尺在平行于中线位置用锥子戳点，定位出手挽长度和宽度，根据所设计的耳仔造型绘制1/4手挽的形状，并定位手挽碰口位。同时，将其与耳仔造型线连接圆顺。

③切割手挽纸格：将纸板沿纵向对称线对折，用制版刀沿着所绘图形切割1/4手挽形状；再沿横向对称线对折，打刀位并展开校对是否对准位。用制版刀切割另外1/2手挽形状，打开对折图形，对细节弧线进行修整，使之圆顺，得到一个完整的手挽纸格型。

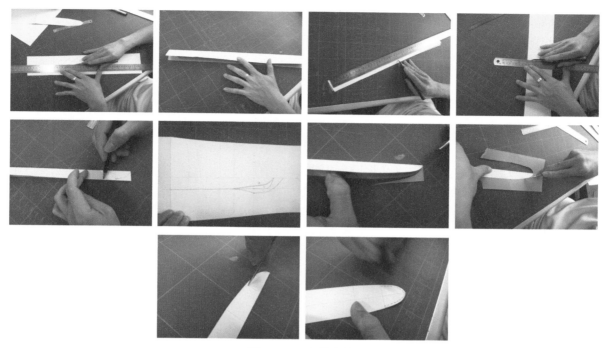

图6-1-36　纸格制版

④ 手挽正格纸格信息标注：定位信息（车线位、铲斜位、拉棉芯止口位）、物料信息（真皮或PU、厚度、纹理方向）；托料信息（各种厚度的杂胶、各种克数的帆布、各种直径的棉芯）、纸格数量等，见图6-1-37。

图 6-1-37　圆手挽纸格信息标注

（3）台面处理：见图6-1-38。

① 托料：直接车缝在包身上的油边圆手挽无需放缝，直接使用正格裁料，顺弹性大的方向做直丝；手挽多用12安帆布或杂胶，注意要直丝保持弹性。

② 根据纸格进行裁料，内面两边反折可见部分延长4分位，并斜角铲薄托料。

（4）缝制成型：见图6-1-39。将手挽两边对捏固定，注意碰口要美观；如需夹棉芯，可将棉芯放入，棉芯稍长；沿对折手挽边线1mm车缝即可，对捏碰口位要车多两针。将耳仔部位直接车缝在箱包大身的相应位置。

4.装五金圆手挽

（1）获取数据：见图6-1-40。

① 手挽长度：根据两个耳仔中心位、手挽中高加上手挽五金扣位离开袋口的距离这两个数据，使用椭

图6-1-38　裁剪托料

图6-1-39　缝制成型

圆周长公式推算 $L=2\pi b+4(a-b)$；1/4手挽长度=3.14×耳仔中心位之间的距离/2+（手挽中高+手挽五金扣位离开袋口的距离−耳仔中心位之间的距离/2）。案例：18cm=3.14×6/2+（13+2−12/2）。

② 手挽宽度为3.8cm。

（2）手挽纸格制版：见图6-1-41。

① 做十字线基础纸版，流程同圆手挽。使用钢尺在平行于中线位置用锥子戳点，定位出手挽长度 a 和宽度 b，根据五金尺寸确定入扣位宽度，为1寸圆圈扣开5分半宽度，约1.75cm。

② 在入扣位左边4cm做定位，手挽部分起翘1分半（约0.45cm），定位手挽碰口位，同时将其与入扣位造型线连接圆顺。在入扣位右边4cm做定位，并在手挽碰口位对称定位点上下移物料和托料的厚度尺作点位；右移4分位戳点，定位连接手挽对称点画斜线，并绘制4分位平行线作为铲斜位。

③ 将纸板沿入扣位对折，用制版刀沿着起翘位切割，再展开修顺小手挽内折部分，沿纵向对称线对折，用制版刀沿着斜铲位造型切割1/4手挽形状；沿横向对称线对折，打刀位并展开校对是否对准位；用制版刀切割另外1/2手挽形状，打开对折图形，对细节弧线进行修整，使之圆顺，得到一个完整的手挽纸格型。

④ 使用正格制作物料格：裁剪一片大于正格的纸片，对折作为物料格待用；将正格对折，叠放在物料格纸片上，将圆规两角调节至缝边尺寸3分位（1cm）；沿正格上下边沿绘制放缝，正格左右已放斜铲位，故无需放缝头；使用戒刀将放过缝边的物料格裁出，并展开获得物料格。

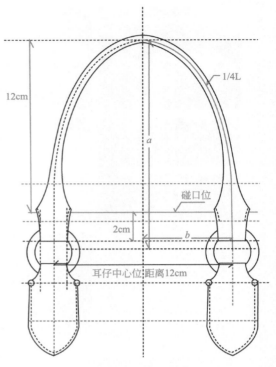

图6-1-40　设计图稿

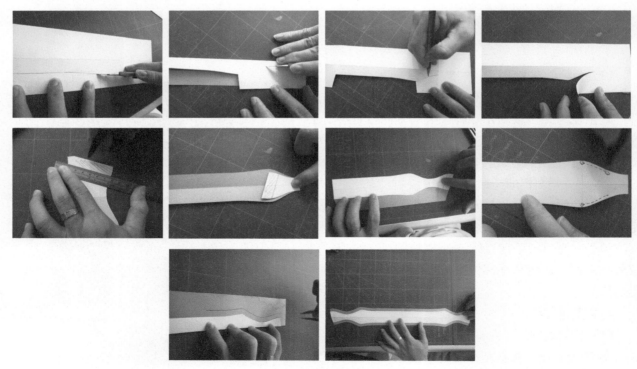

图6-1-41　手挽纸格制版

（3）耳仔纸格制版：见图6-1-42。

① 根据五金尺寸确定入扣位宽度为1寸圆圈扣开5分半宽度，约1.75cm；

② 根据设计图绘制耳仔造型，连接耳仔入扣位宽度；绘制耳仔缝制定位线，并进行切割，离开定位线4分半位以上（物料越厚越长）绘制入扣位定位线，将纸板沿入扣位对折，锥子戳点定位出内耳仔缝线位，向外平移4分位以上作斜铲位（物料越厚越长）。

③ 将纸格沿纵向对称线对折，用制版刀沿着耳仔造型切割耳仔1/2形状；打开对折图形，对细节弧线进行修整使之圆顺，得到一个完整的手挽纸格型。

④ 手挽及耳仔正格纸格信息标注：定位信息（车线位、铲斜位、五金装置入扣位）、物料信息（真皮或PU、厚度、纹理方向）、托料信息（各种厚度的杂胶、各种克数的帆布、各种直径的棉芯）、纸格数量，见图6-1-43。

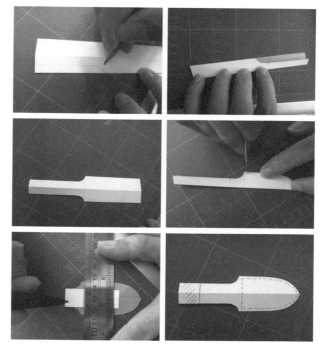

图6-1-42　耳仔纸格制版

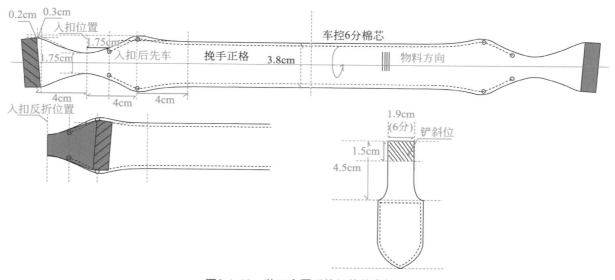

图6-1-43　装五金圆手挽纸格信息标注

（4）台面制作：见图6-1-44。

① 使用物料格进行戒刀裁剪物料，如为真皮需在相应位置斜铲，如真皮较厚则缝边位也需铲薄；使用正格料格进行戒刀裁剪托料，手挽多用12安帆布作为托料。

② 将托料过胶，并居中贴在物料上；将正格作为垫板，向内平移1cm，留出部分涂刷胶水。

③ 折边：将物料格按折边位折好，使用工具压平黏住。

④ 装扣：将正格放在物料格上，使用水银笔点位；将圆圈装入后沿装扣位反折。

（5）缝制成型：见图6-1-45。

① 将装扣位两边对捏固定，注意碰口美观，两边车缝一段固定。

② 如需夹棉芯，可将棉芯放入，棉芯稍长。

③ 沿对折手挽边线1mm车缝即可，对捏碰口位要车多两针。

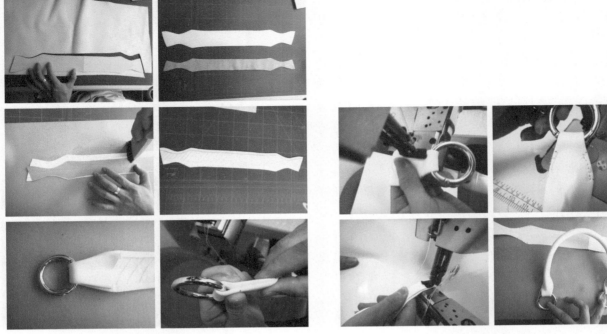

图6-1-44　台面制作　　　　　　　图6-1-45　缝制成型

第二节 ▶ 购物袋制作流程

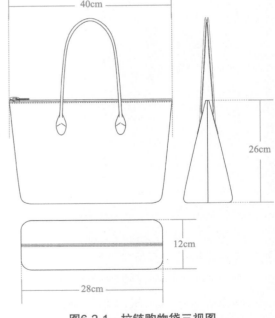

　　箱包品类里的购物袋不同于常规意义的购物塑料袋或纸袋，而是泛指大袋身，顶部宽大开口，手挽长度可容单肩携带的大手袋。由于购物袋款式简洁、制作简单且内部容量大而成为各箱包品牌的必备经典款式。

　　常用购物袋根据裁片方式可以分为有底和无底购物袋等类型，根据袋口可以分为下沉式拉链袋口、拉链袋口和贴边式袋口等类型。为了方便设计人员理解，本节遵循从简单到复杂的次序分别讲解前后片无内里、无贴边的拉链购物包、三片式下沉式链贴购物包。

一、前后片拉链购物袋

1.获取数据

数据如图6-2-1所示。

成品尺寸：袋口长40cm，袋身高26cm，袋底长28cm，袋底宽12cm。

图6-2-1　拉链购物袋三视图

备注：无贴边，袋口装拉链。

2.纸格制版

（1）根据大面基础正格所要制作的纸格尺寸，截取一块大于该尺寸的纸片备用。

（2）使用直尺找出大致纸片纵向中线位置，然后用刀片轻划出印记，但是不切断纸片，并沿着划痕对折纸片，在找出纸片大致横向中线点用锥子戳点后定尺寸，展开纸片连接两个锥点可以得到十字定位线，根据设计图稿数据剪裁包袋底部挖位。底部AB为1/2包底部长度（14cm）；BC为包底部1/2宽度，BC=CD=7cm，见图6-2-2。

（3）使用正格制作物料格：裁剪一片大于正格的纸片，对折作为物料格待用；将正格对折，叠放在物料格纸片上，将圆规两角调节至缝边尺寸3分位（1cm）；沿正格下边沿绘制放缝，正格上部、左右边已放斜铲位，故无需放缝头，见图6-2-3。

3. 台面处理

台面处理见图6-2-4。

（1）裁剪物料和托料：使用物料格进行戒刀裁剪物料，如为真皮需在相应位置斜铲；如人造革较厚，则缝边位也需铲薄。

（2）涂刷胶水：将托料过胶，并居中贴在物料上。

（3）边缘处理：如需折边，则将物料格按折边位折好，使用工具压平黏住；如需油边，则需砂轮磨边，然后油边并烘干待用。

4. 缝制成型

缝制成型见图6-2-5。

（1）将前后片物料对位，先将底部缝制完成。

（2）将缝边分开并压平，在正面缝制线两边离开5mm左右各车一条线，使底边缝合部位平服。

（3）使用同样方式车缝包袋的两个侧边，为了使袋底部成型，可以放入一块略小于袋底尺寸的可活动的底部垫板。

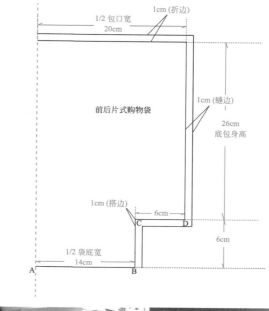

图6-2-2　正格制作

图6-2-3　物料格制作

图6-2-4　台面处理

（4）然后将挖角位缝合，完成整体袋型。

（5）将缝制好的袋身翻转过来，并将袋口折好边待用。

（6）根据袋口长度剪好拉链，将拉链扣折光烫好。

（7）使用小嘴高车将拉链和袋口缝制在一起。

（8）将做好的手挽定位车在袋身上，对应位置做补强工艺，见图6-2-6。

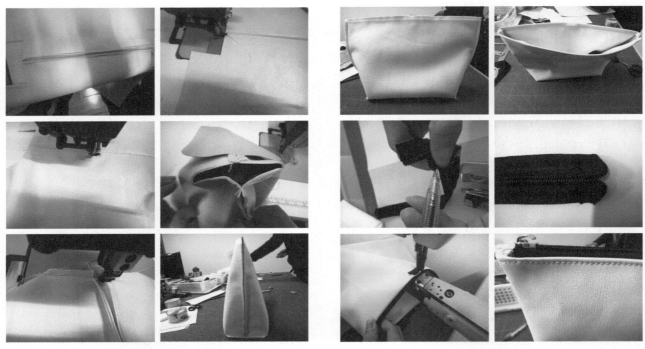

图6-2-5　缝制袋身　　　　　　　　　　　　　　　图6-2-6　缝制完成

5.里布制作

如果该购物包需要制作内里，可以制作成直接车里布的，里布和外袋纸格相同，做法一样，里布和袋身直接正面对好，把拉链布夹缝进去，然后将里布翻进去，然后在袋口压缝一圈缝边即可（图6-2-7）。

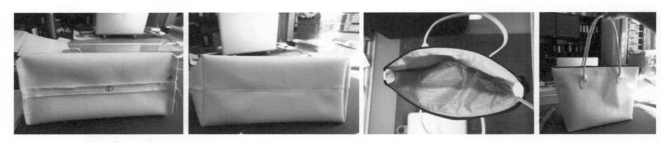

图6-2-7　缝制完成

二、三片下沉式链贴购物包

1.取数据

该包数据见图6-2-8。

成品尺寸：袋口长42cm，袋身高26cm，袋底长28cm，袋底宽14cm。

2.纸格制版

（1）根据十字定位法制作基础纸格。

（2）根据设计图稿数据剪裁包袋底部挖位。底部AB为1/2包底部长度（14cm）；BC为包底部1/2宽度，BC=CD=7cm。

（3）有底三片式购物袋与前后片无底购物袋纸格类似，区别在于在剪刀图示标注位置分出底部裁片。见图6-2-9。

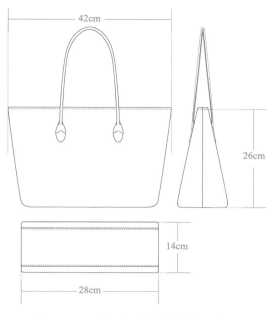

图6-2-8　三片下沉式链贴购物包三视图

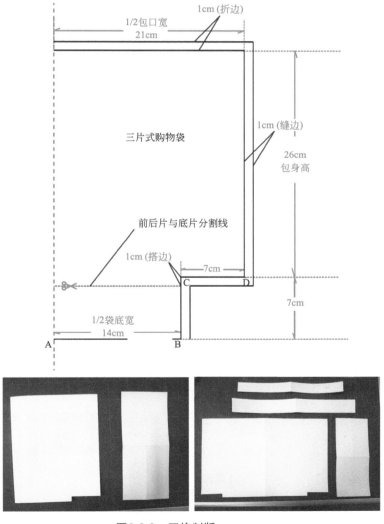

图6-2-9　正格制版

（4）完成包袋正面、背面、底部和链贴正格后，使用正格制作物料格。将正格对折，叠放在物料格纸片上，将圆规两角调节至缝边尺寸3分位（1cm）；沿正格上下边沿绘制放缝，见图6-2-10。

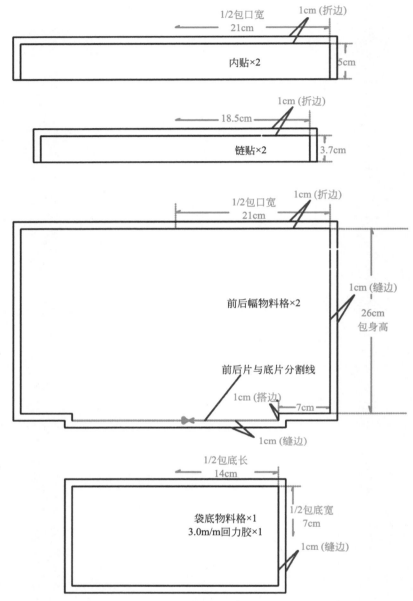

图6-2-10　全套物料格

（5）如果该购物尺寸较大，成品后袋口有一定斜度，比较精细的袋口内贴做法是用袋身纸格直接预折成包袋成品，根据袋口前后片碰口位斜度和内贴宽度绘制有一定起翘度的内贴，而不是上图中的直角长方形，见图6-2-11。

图6-2-11　起翘内贴制版法

3.台面处理

（1）裁剪物料和托料：使用物料格进行戒刀裁剪物料，相应位置铲薄。

（2）涂刷胶水：将托料过胶，并居中贴在物料上。

（3）边缘处理：如需折边，则将物料格按折边位折好，使用工具压平黏稳；如需油边，则需砂轮磨边，然后油边并烘干待用，见图6-2-12。

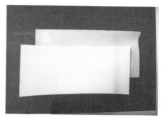

图6-2-12　裁剪和托底

（4）拉链贴边的制作：将贴边物料按折边位折好，使用工具压平黏住；然后拉链缝制在折好的链贴物料格上；最后将拉链贴边物料格缝制在内贴物料格上，并将内贴物料格侧边缝制完成，将物料格按折边位折好，见图6-2-13。

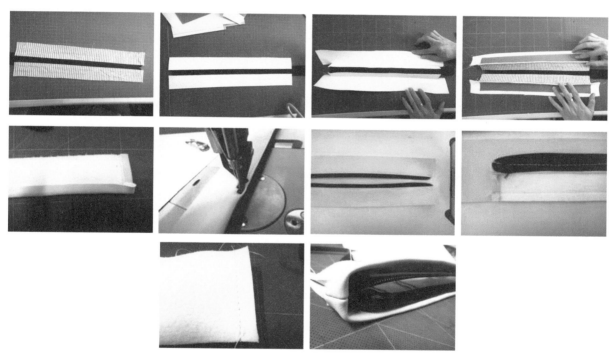

图6-2-13　下沉式链贴制作

（5）制作里袋：根据袋身物料格直接裁剪里布，可以做成前后一片式或前后片式，里布缝制方法同上一小节的外袋缝法，里布袋缝制完毕后与内贴缝合链接待用，见图6-2-14。

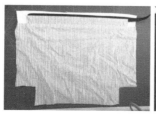

图6-2-14　里袋制作

（6）袋身的制作：将袋身底边按制版车缝位缝制，先将前片、底片和后片缝制在一起；缝制完成后在缝线正面压明线；分别缝制包身的侧边和底边侧面；将袋身袋口按折边位折好待用，见图6-2-15。

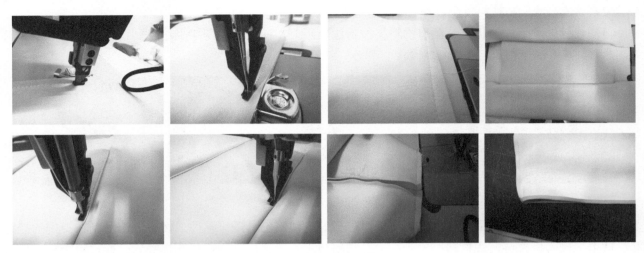

图6-2-15　袋身制作

（7）袋身缝制：将成型外袋和内里袋通过袋口处缝合成一个完整的下沉式链贴的三片式购物袋身，见图6-2-16。

（8）手挽制作同前讲述；但是如果要装手挽，则要注意缝制流程，需要先将手挽定位缝在外袋上，并做补强处理后，才能够将袋身与里布缝合。

图6-2-16　袋身缝制

第三节 ▶ 手提包制作流程

手提包在箱包领域里是最为重要的款式之一，该款式以手提式手挽为特征，通常配有可肩背的肩带，但因其款式多样、设计风格丰富而无法一一讲解，本书挑选一个结构较为独特的打角拉链手提包作为案例来演示手提包的常规制作流程。

一、获取数据

手提包的数据见图6-3-1。

成品尺寸：袋身高15.5cm，袋底长29.5cm，袋口长24cm，袋口宽11cm，袋底宽12.5cm，袋口打角高度7.5cm。

备注：可调节长肩带的出格方法与制作方法，参考本章第一节内容，此处不予重复。

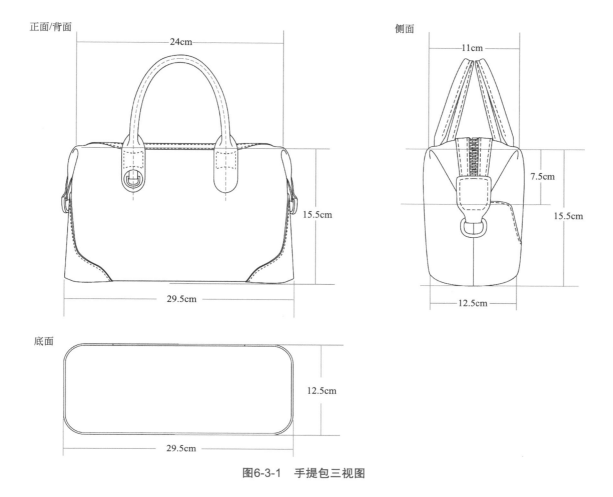

正面/背面

24cm

15.5cm

29.5cm

侧面

11cm

7.5cm

15.5cm

12.5cm

底面

12.5cm

29.5cm

图6-3-1　手提包三视图

二、纸格制版

（1）出底部正格及料格，见图6-3-2。根据图示尺寸打好十字线基础版，横向对折十字线基础纸版，根据底部长度尺寸的一半即**14.75cm**，从竖向十字中线起往外在纸版中部用锥子戳点，打开纸板后竖向对折并连接两点，用刀片裁去多余部分，得到长度为**29.5cm**的底部半成品纸版。再竖向对折纸版，从横向十字中线根据底部宽度尺寸的一半（**6.25cm**）在纸版底部和中部用锥子戳点，打开纸板后竖向对折，连接两点，用刀片裁去多余部分，最后按十字线对折，用刀片刻出四角圆弧，完成底部正格制作，并在转角弧线开始、中点、结束部分对应的缝合位置切三角为定位点。按照正格放出缝线位**0.65cm**，得到底部物料格，标记纸板信息，见图6-3-3。

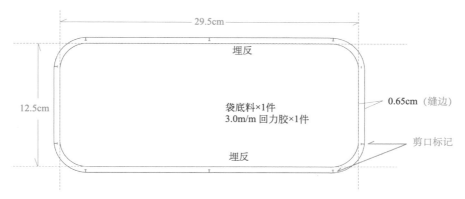

29.5cm

埋反

12.5cm

袋底料×1件
3.0m/m 回力胶×1件

0.65cm（缝边）

埋反

剪口标记

图6-3-2　底部正格及料格示意图

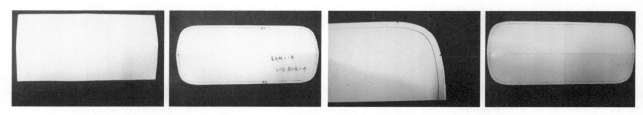

图6-3-3　底部正格及料格纸格制作过程

（2）出前后幅正格，见图6-3-4。根据图示尺寸打好十字线基础版，根据图示尺寸切出袋身高度，定位袋口宽度。以包身高度加上袋口宽度的一半作为前后幅正格高度，即15.5+5.5=21cm；以1/2袋口成型尺寸加上袋口折角高度作为袋口长度尺寸的一半，即12+7.5=19.5cm。

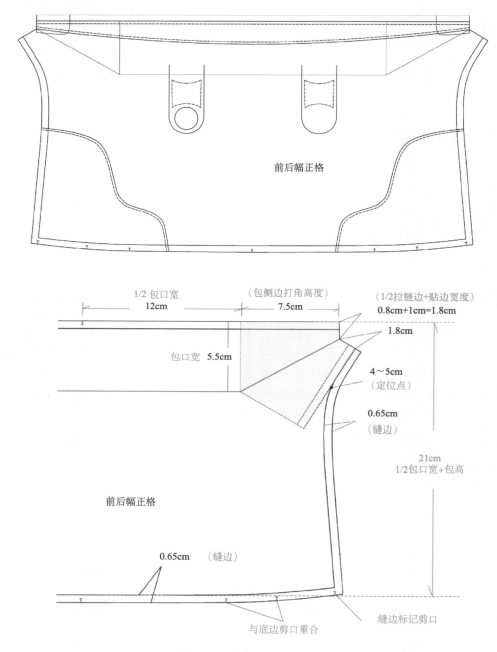

前后幅正格

1/2 包口宽　12cm

（包侧边打角高度）　7.5cm

（1/2拉链边+贴边宽度）
0.8cm+1cm=1.8cm

1.8cm

包口宽　5.5cm

4~5cm
（定位点）

0.65cm
（缝边）

21cm
1/2包口宽+包高

前后幅正格

0.65cm　（缝边）

与底边剪口重合

缝边标记剪口

图6-3-4　前后幅正格示意图

（3）画出前后幅正格袋口形状：正格侧边（顶部），上图中红色与蓝色阴影部位是关于红线对称，制作方法如下：红线部位用戒刀轻轻划出痕迹，根据划出的痕迹折叠，在背面加2分位（0.65cm）缝边，在缝边侧边4～5cm标记定位点，见图6-3-5。

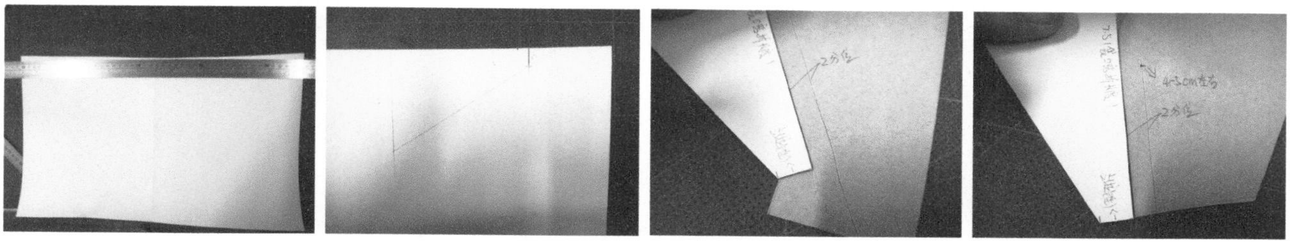

图6-3-5　前后幅正格袋口形状

（4）画前后幅正格底边：与包底裁片尺寸相同，如图6-3-6所示，进行转位得出相同长度的底边，在底边相同部位加2分位（0.65cm）缝边标记，在标记的一点多0.2cm与正格侧边（顶部）标记的定位点相连接。

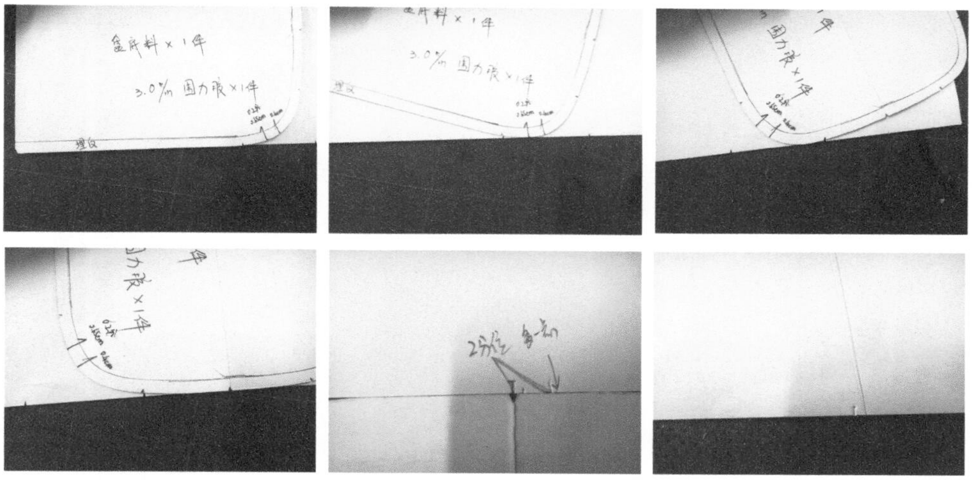

图6-3-6　画前后幅正格底边

（5）定位侧围底部并画线：包底裁片与正格中心线对好，沿着侧边标记线段，距离底边1分位（0.375cm）标记一点，过这一点做侧边的垂线，做好后底边用刀片修圆顺，修好后与包底裁片进行校对，长度一样后对侧边进行圆顺修整，见图6-3-7。

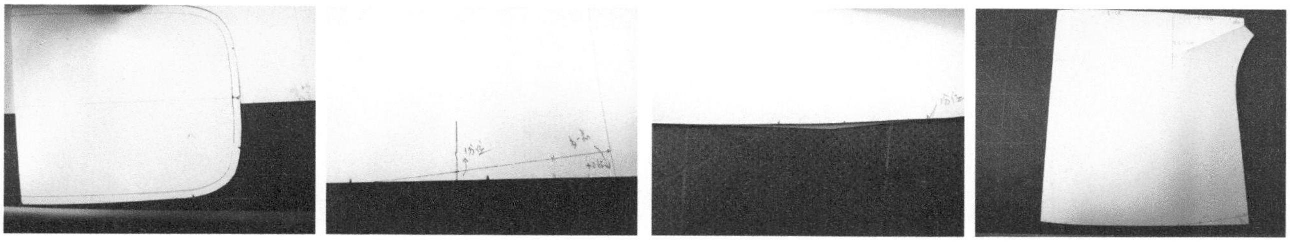

图6-3-7　定位侧围底部

（6）在前后幅正格上标记部件：根据设计图效果在前后幅正格上分别画手挽位、袋口贴位、两头D扣耳仔位、前幅角贴位、缝边以及纸格信息并分解，见图6-3-8。

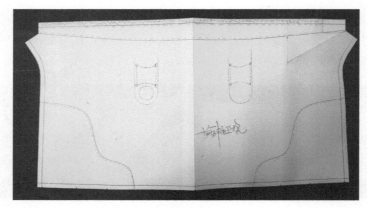

图6-3-8　标记部件位

（7）分解部件：根据前后幅正格效果分解挽手（圆手挽出格参考本章第一节内容）、袋口贴、袋口贴两头D扣耳仔、前幅角贴形状及尺寸，见图6-3-9；用刀片裁剪出物料格，见图6-3-10。

上线屈位车好后油边　　挽手料双层12安帆布开×2件

手挽：48×3cm

车5号拉链布×1 散口油边　　袋口贴料垫1.0厘米杂胶开×2件

袋口贴

袋口两头D
口耳仔化料
垫0.4皮糠
加朴里布
开×2件

屈入
D字扣

有油边

袋口两头D扣耳仔

车反　　　　油边

前幅角贴料
朴0.6杂胶×2件

油反

前幅角贴

图6-3-9　零部件示意图

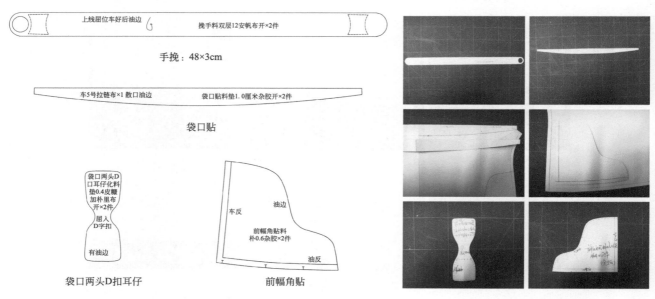

图6-3-10　分解部件出物料格

（8）出前幅料格见图6-3-11。根据正格出前幅料，去掉袋口贴搭位留0.9cm缝边，去掉角贴加0.9cm缝边，见图6-3-12。

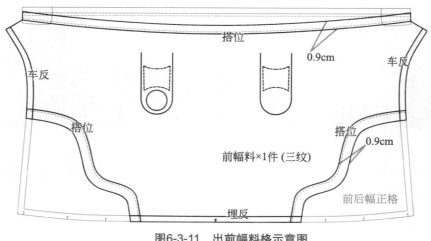

搭位

0.9cm

车反　　　　　　　　　　　　　　　　　　车反

搭位　　　　　　　　　　　　　　　　搭位

0.9cm

前幅料×1件（三纹）

埋反

前后幅正格

图6-3-11　出前幅料格示意图

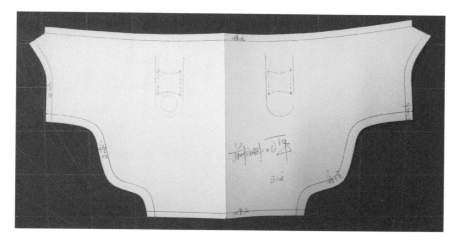

图6-3-12　前幅料格

（9）出后幅料格见图6-3-13：根据正格出后幅料，去掉袋口贴搭位留0.9cm缝边，见图6-3-14。

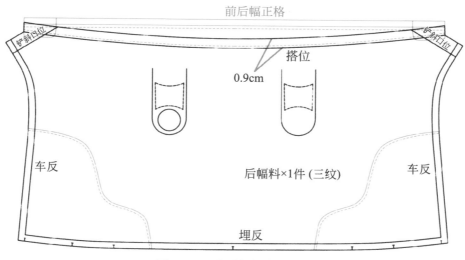

图6-3-13　出后幅料格示意图

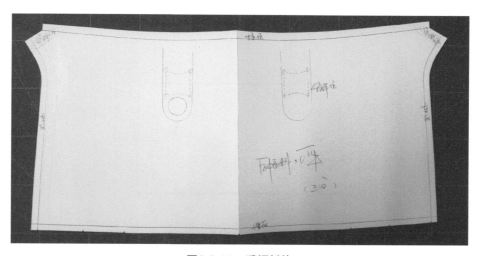

图6-3-14　后幅料格

（10）出前后幅车挽手及画落袋后格位格，见图6-3-15。根据正格出前后幅车挽手及画落袋后格位格，去掉搭位，把挽手位置用戒刀割开，见图6-3-16。

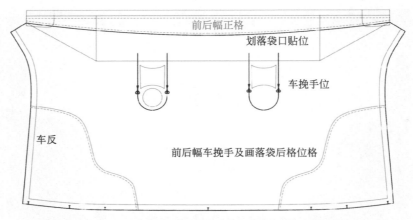

图6-3-15　前后幅车挽手及画落袋后格位格示意图

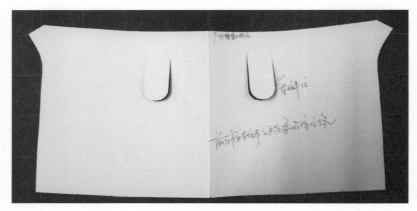

图6-3-16　前后幅车挽手及画落袋后格位格

（11）出大身内里格、出拉链内吊里格，9寸×11寸长方形，见图6-3-17。截取一块大于正格加上包底的纸片备用。在底边画2分位（0.65厘米）缝边。贴着缝边放包底纸格，再放正格（两片纸格交叠不加缝边）。在包底纸格侧边加1分位（0.375cm）松量。用刀片把打角形状切出来，打角两边长度要求一样，如图6-3-18所示进行标记。

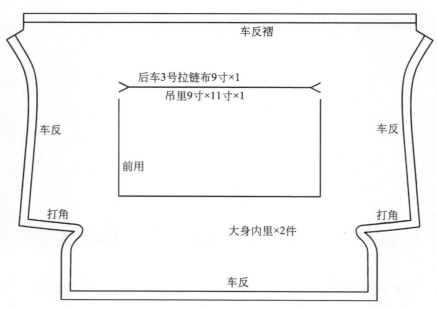

图6-3-17　大身内里格示意图

（12）在正格拉链口部位进行标记，并放出3分位。根据正格和所画的定位，出大身里布纸格。在正格标记锥两点，此线是包口转折线，里布内袋（和拉链内袋）不得高于此线。在低于此线位置标记。画出包袋内里袋形状及位置，见图6-3-19。

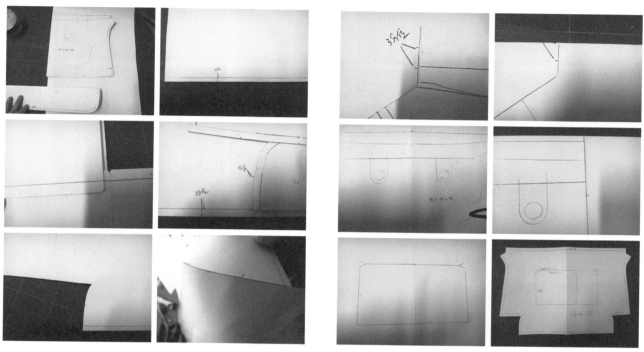

图6-3-18 大身内里格底部做法

图6-3-19 大身内里格

（13）出包内前插袋料格：根据大身内里格所画插袋定位切出插袋料格，见图6-3-20。

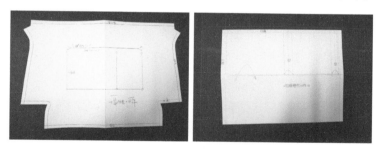

图6-3-20 前插袋里布格

三、台面处理

（1）裁切底部物料和托料：根据底部纸格，用刀片裁出底部物料和托料，见图6-3-21。

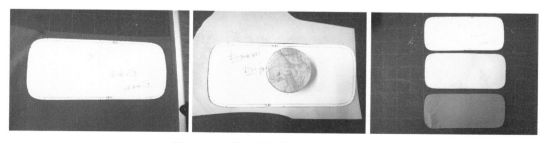

图6-3-21 袋底切物料×1、回力胶×1

（2）裁切前后幅物料并标记：裁切好后，使用前后幅车挽手及画落袋后格位格标记好位置，见图6-3-22。

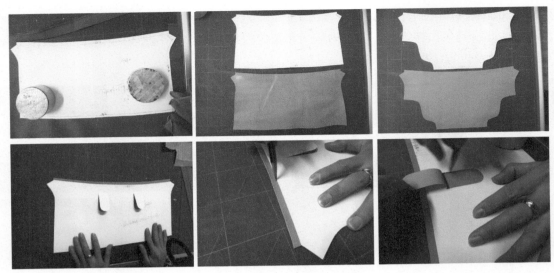

图6-3-22　裁切前后幅物料并标记

（3）裁切内里和插袋料：根据纸格，用刀片裁出内里和插袋物料，前后幅里料×2、出拉链内吊里9寸×11寸×1、前插袋里布×1，见图6-3-23。

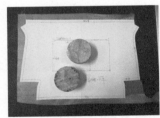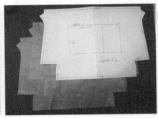

图6-3-23　裁切内里和插袋料

（4）裁切手挽、袋口贴、袋口两头D扣耳仔、前幅角贴物料：裁剪需要刷胶水物料，刷胶水前裁剪物料托料应裁剪大一些，见图6-3-24。手挽：物料×4、托料×2；袋口贴料：物料×2、托料×2；袋口两头D扣耳仔：物料×2、托料×2；前幅角贴：物料×2、托料×2。

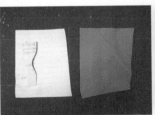

图6-3-24　手挽和袋口贴料

（5）裁切部件料前的涂刷胶水处理：将托料过胶，并居中贴在物料上，见图6-3-25。

图6-3-25　涂刷胶水

（6）裁剪黏合好托料的物料：刀片裁剪袋口贴、D扣耳仔、前幅角贴（要对称剪），见图6-3-26。

（7）涂刷胶水后裁切手挽料（手挽多用12安帆布）并做定位标记：手挽处需双层物料，一层托料。在黏合过程中需要把托料夹在两片物料中间，因此在制作时把一片物料背面和托料一面刷好胶水，等胶水微干，把两片黏合好，再把另一片物料背面，黏合好托料的另一面刷好胶水，微干后黏合好。刀片裁剪好后，标记的缝线位置，见图6-3-27。

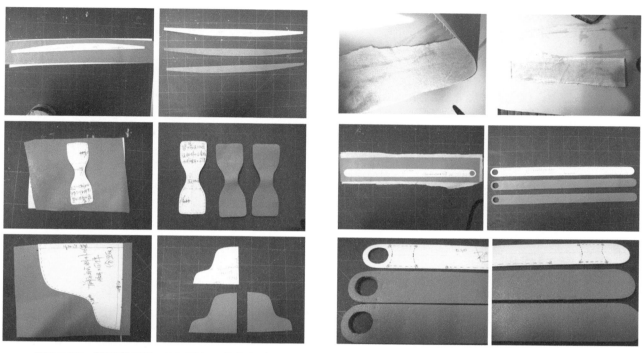

图6-3-26　裁剪袋口贴、D扣耳仔、前幅角贴　　　　图6-3-27　裁剪手挽料并做定位标记

（8）裁剪制作手挽装饰部件：根据设计图做好装饰配件，并做好装饰部件，见图6-3-28。

（9）若干部件需铲薄缝边位：包底和前幅角贴较厚缝边位需铲薄，见图6-3-29。

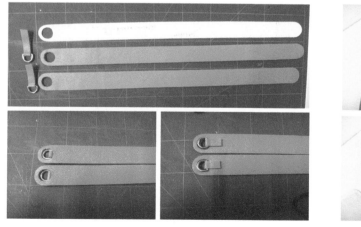

图6-3-28　裁剪制作手挽装饰部件

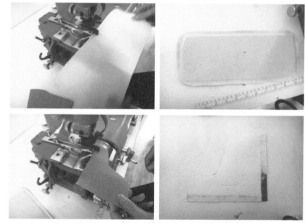

图6-3-29　铲薄缝边位

（10）里带拉链袋口折边并固定拉链：将物料格按折边位折好，使用工具压平黏住。里带拉链袋口根据纸格把标记的位置用刀片切割出来，用胶水黏合出拉链口形状，把拉链固定在拉链口上，见图6-3-30。

（11）处理前插袋里布：侧边缝边固定好后对折，袋口用皮边固定，见图6-3-31。

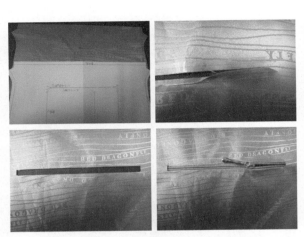

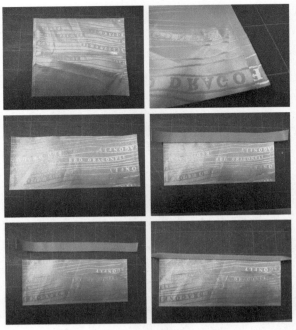

图6-3-30　里带拉链袋口折边并固定拉链　　　　　图6-3-31　前插袋里布

四、缝制成型

（1）车手挽：根据定位口缝好手挽，见图6-3-32。

（2）固定袋口贴、前幅角贴及挽手：按照纸格固定各部件位置，见图6-3-33。

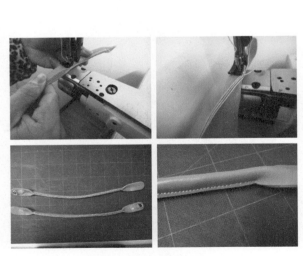

图6-3-32　车手挽　　　　　　　　图6-3-33　固定袋口贴、前幅角贴及挽手

（3）车前幅角贴、挽手、袋口贴：按照各部件所定位置车前幅角贴、挽手、袋口贴，完成前后幅的大面制作，见图6-3-34。

（4）车内里拉链袋：拉链袋口以及吊袋固定好后，车拉链口边0.1cm。缝拉链吊袋侧边，完成内里拉链袋，见图6-3-35。

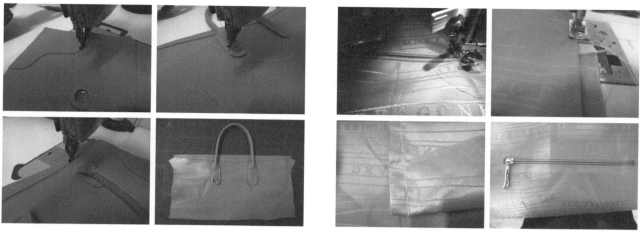

图6-3-34　车前幅角贴、挽手、袋口贴　　　　　　　　图6-3-35　车内里拉链袋

（5）车内里前插袋：车好袋口皮边，根据前插袋里布纸格和大身内里纸格，标记缝线位置缝合，在边角车三角线固定，完成前后内里制作，见图6-3-36。

（6）在袋口固定拉链、前后幅及内里：剪取适当长度的拉链并装好拉链头，按前后幅、拉链、内里的正确位置叠放并固定，见图6-3-37。

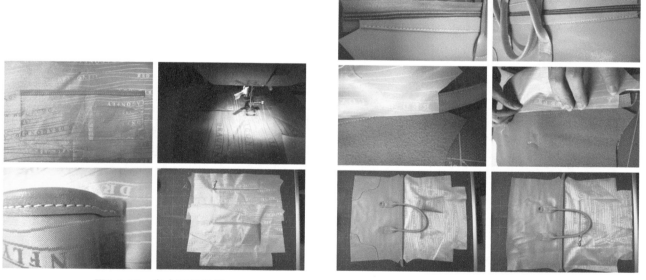

图6-3-36　车内里前插袋　　　　　　　　图6-3-37　在袋口固定拉链、前后幅及内里

（7）车袋口及大身物料侧边：车缝袋口固定好的拉链、前后幅及内里，再将两片大身前后幅的物料裁片车缝连接，见图6-3-38。

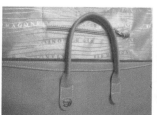

图6-3-38　车袋口及大身物料侧边

（8）车大身内里侧边、底边：在打角位置如下图缝合，见图6-3-39，车至底边留开口，便于车完包底后翻转。

（9）车包底：车完包底后翻转过来，缝合底边所留开口，见图6-3-40。

（10）装D扣耳仔：拉链口位固定后，装D扣耳仔五金吸扣，固定D扣耳仔并车缝，见图6-3-41。

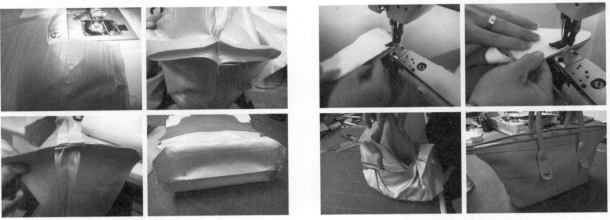

图6-3-39　车大身内里侧边、底边　　　　　　　图6-3-40　车包底并翻转

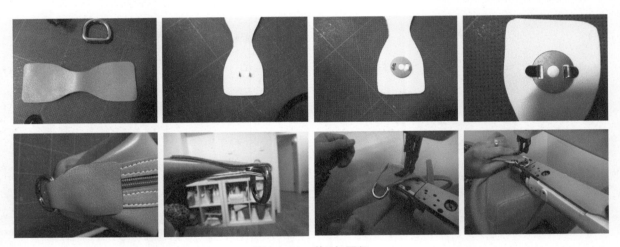

图6-3-41　装D扣耳仔

（11）装大身五金吸扣：先定位吸扣位置，并切出洞眼，安装包身吸扣，完成手提包制作，见图6-3-42。

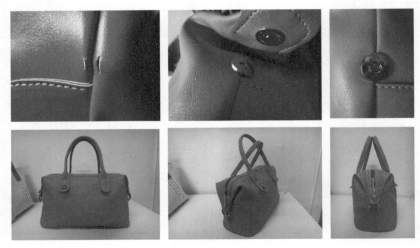

图6-3-42　装大身五金吸扣完成制作

双肩包最初以容量大、口袋多和实用功能性作为主要设计特点,近几年渐渐成为箱包品类中的畅销时尚产品,且趋向简洁小型的款型;消费者选择双肩包通常与健康、舒适、便捷的背负方式以及休闲自由的流行趋势有着密切的关系。双肩包的材料通常以纺织材料、皮革、帆布、PVC等材料为主,本节以纺织材料制作,款式简约通勤的双肩包款作为案例进行讲解。

一、获取数据

该包数据见图6-4-1。

成品尺寸:袋身高41cm,袋底长25cm,袋底宽12cm。

备注:可调节长肩带的出格方法与制作方法参考本章第一节内容,此处不予重复。

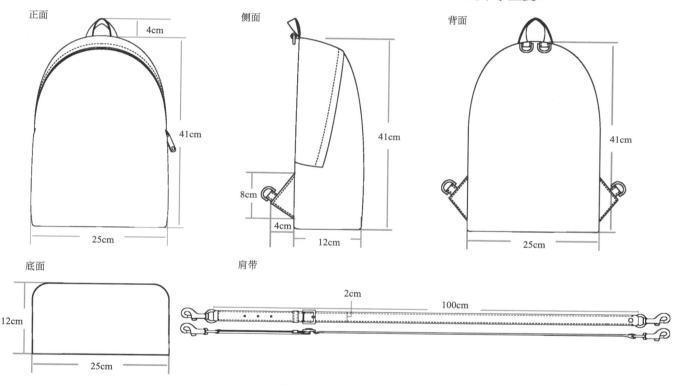

图6-4-1 包款三视图

二、纸格制版

(1)出底部正格及物料格:见图6-4-2,根据图示尺寸打好十字线基础版,横向对折十字线基础纸版,根据底部长度尺寸的一半,即12.5cm,从竖向十字中线起往外在纸版中部用锥子戳点,打开纸板后竖向对折,连接两点,用刀片裁去多余部分,得到长度度为25cm的底部半成品纸版。再竖向对折纸版,从横向十字中线根据底部宽度尺寸的一半,即6cm,在纸版底部和中部用锥子戳点,打开纸板后竖向对折并连接两点,用刀片裁去多余部分,最后按中线对折纸版,在底部用刀片刻出圆弧,完成底部正格制作,放出缝线位,得到底部物料格,见图6-4-3。

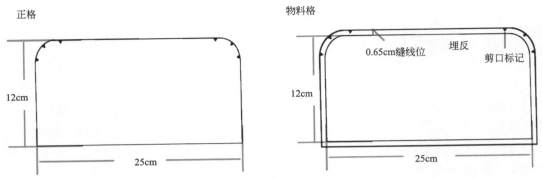

图6-4-2 底部正格及物料格示意图

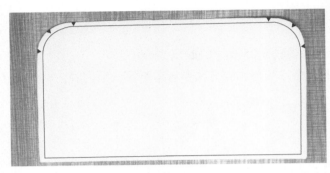

图6-4-3 底部物料格

（2）出后幅正格及物料格：后幅纸格长同底部，见图6-4-4，以长25cm、高41cm打十字线基础纸板，对折纸版切出高度，定位宽度，并在高25cm处开始画背包顶部弧度并用刀片裁出，得到后幅正格，放出缝线位，得到后幅物料格，见图6-4-5。

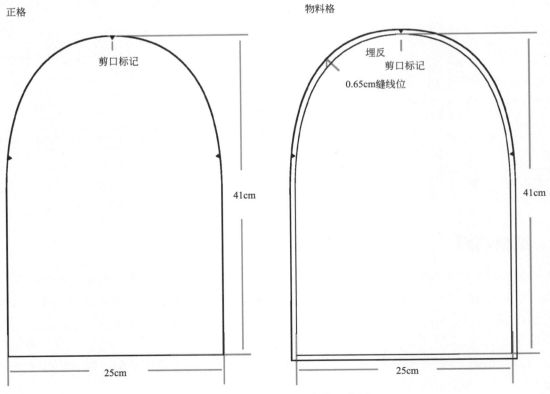

图6-4-4 后幅正格及物料格示意图

（3）出前幅连侧围正格及物料格：此背包前幅和侧围同出，见图6-4-6。以底部左右侧边宽加圆弧长的"U"形长度尺寸为前幅的长度，即52cm，用底部正格沿前幅底部旋转测量出长度，并用锥子定位，在旋转过程中分段画出袋身转角弧线的开始、中点、结束部分对应的缝合位置，并切三角为定位点。如果以较厚的材料做包，则转角的定位点需相应多放2～3mm来避免缝合过程中因材料厚度引起的皱褶。根据设计图纸可见，前幅比后幅矮，按视觉效果定前幅高度尺寸为37cm，估出侧围贴的高度为14cm，并用锥子定位，并往里收0.5cm作为最终定位点（考虑包身侧位上窄下宽较为美观及缝合的抛位需要），用微弧线连接底部及此定位点，得到侧围的高度，同时以定位点往里收底部宽的一半5.5cm（减去收缩的0.5cm）并定位点，作为侧围贴的一半宽，并用刀片裁出。画弧线连接侧围贴内部点及前幅高的顶点并用刀片裁出，得到前幅正格，放出缝线位得到前幅物料格，见图6-4-7。

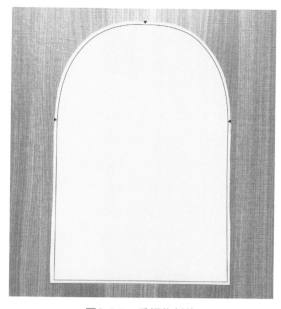

图6-4-5　后幅物料格

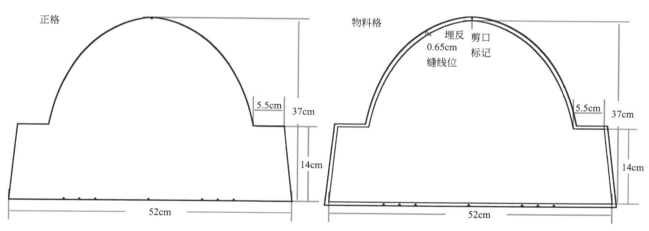

图6-4-6　前幅正格及物料格示意图

图6-4-7　前幅物料格

（4）出袋口连侧围正格及物料格：以包身侧位上窄下宽的特点，见图6-4-8，确定袋口连侧围贴的宽度为5.5cm，中间宽度为11cm，长度分别根据后幅正格和前幅正格确定。因与后幅的缝合为直线缝合较简单，所以先确定与后幅的缝合边。需要减去后幅与侧围连接的长度部分后，测量圆弧线段的长度为64cm，切十字基础版并用锥子定点长度，用弧线连接两点并用刀片裁切。此款肩背包因要塑造袋口贴盖住拉链的效果，所以与前幅的缝合边的弧度要大于与后幅缝合边的弧度。定点中间宽度11cm后用弧线连接两边端点，用刀片裁切得到袋口连侧围正格，放出缝线位得到袋口连侧围物料格，见图6-4-9。

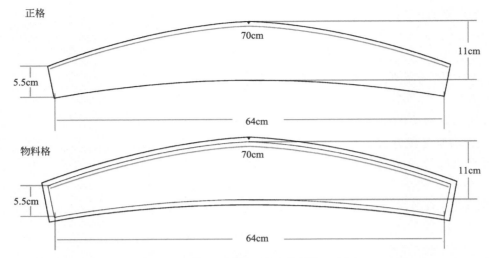

正格

70cm

11cm

5.5cm

64cm

物料格

70cm

11cm

5.5cm

64cm

图6-4-8　袋口连侧围正格及物料格示意图

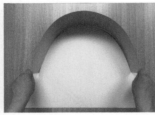

图6-4-9　袋口连侧围物料格

（5）出袋口链贴物料格：此帖较为简单，见图6-4-10，可以直接出料格。考虑缝合位距离后估算出袋口链贴宽度为2cm，以袋口连侧围料格为基础，复制分解出袋口链贴物料格，见图6-4-11。

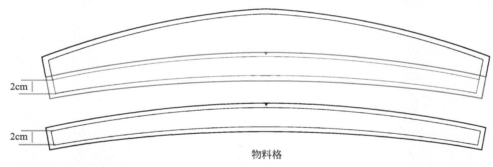

2cm

2cm

物料格

图6-4-10　袋口链贴物料格示意图

（6）出双肩背肩带正格及料格：参考本章第一节，可调节长肩带。

（7）出双肩背带固定件正格及料格：根据图纸确定固定件形状，一般包背后部肩带固定件为矩形，下部固定件因受力考虑且夹车缝于侧围和背部，通常为三角形，同样根据尺寸画出形状并放出缝线位。

图6-4-11　袋口链贴物料格

（8）出顶部提手正格：此包为成品织带提手，只需确定长度为15cm，并裁剪织带即可。

（9）内里及内里插袋格：因此款肩背包结构较简单，前后幅、底部内里格同前后幅、底部物料格相同，内里插袋可直接由外部部件物料格复制得出，所以不用单独出格。

三、台面处理

（1）裁剪前幅物料、里料、前幅内里插袋料：见图6-4-12，参照示意图使用前幅物料格进行裁剪物料，做皮革类物料的时候用刀片裁切，此处为纺织面料，先用记号笔勾出轮廓，再用剪刀裁剪。同时根据内里结构示意图用前幅物料格直接复制裁剪内里和内里插袋料，共3件，见图6-4-13。

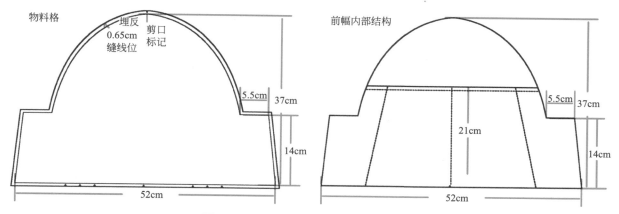

图6-4-12　前幅物料格、内里结构示意图

图6-4-13　裁剪前幅物料、里料、前幅内里插袋料

（2）裁剪后幅物料、里料、托料及后幅内里插袋料：见图6-4-14，参照示意图使用后幅物料格进行裁

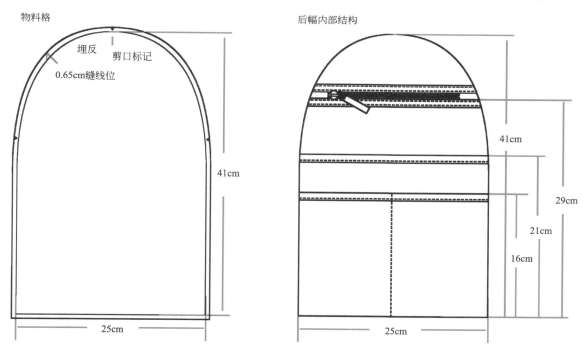

图6-4-14　后幅物料格、内里结构示意图

剪物料，先用记号笔勾出轮廓，再用剪刀裁剪。同时用后幅物料格直接复制裁剪内里和托料，内里插袋料根据内部结构图用后幅物料格复制外形、定位高度并裁剪，共6件，见图6-4-15。

图6-4-15　裁剪后幅物料、里料、托料、后幅内里插袋料

　　（3）裁剪底部物料、里料和托料：见图6-4-16，使用底部物料格进行裁剪物料，同时用后幅物料格直接复制裁剪内里和托料，共3件，见图6-4-17。

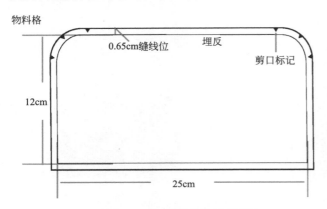

图6-4-16　底部物料格示意图

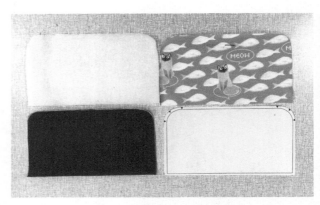

图6-4-17　裁剪底部物料、里料和托料

　　（4）裁剪袋口连侧围物料及袋口链贴物料：见图6-4-18，使用袋口连侧围物料格进行裁剪物料，袋口链贴物料格裁剪袋口链贴料，方法同上，共2件，见图6-4-19。

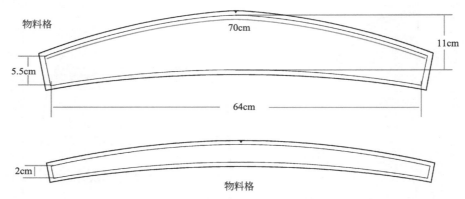

图6-4-18　袋口连侧围物料格及袋口链贴物料格示意图

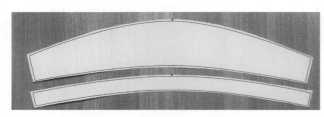

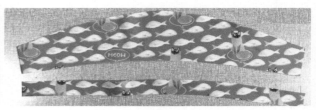

图6-4-19　裁剪袋口连侧围物料及袋口链贴物料

四、缝制成型

（1）车前幅内里及插袋里：先把插袋里袋口折边车缝，车缝后对折压出痕迹，再将前幅里对折压出痕迹，为了便于后续车缝时对位。将插袋里叠于前幅内里上，根据对位先竖向车缝中间，再横向车缝边缘一小段固定后转折竖向车斜线（即车"7"字型线）。另一边同样处理，车缝完成后得到两个独立前插袋，见图6-4-20。

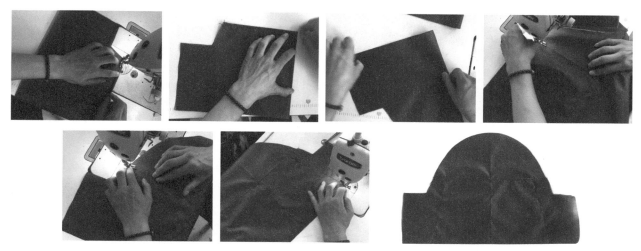

图6-4-20　车前幅内里及插袋里

（2）车前幅大面料和内里：把前幅大面料和内里按定位点对齐并车缝，车好后减去多余边角及线头，见图6-4-21。

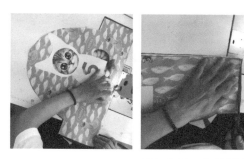

图6-4-21　车前幅大面料和内里

（3）车后幅内里插袋：先将三件插袋料分别滚边，再把下部两件料按中线车合得到一件插袋料，见图6-4-22。

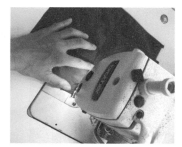

图6-4-22　车后幅内里插袋

（4）车后幅拉链插袋：上部插袋为拉链插袋，所以需要先处理拉链。剪一段长度合适的拉链，并在拉链两端车里布固定，再在拉链上半部分滚边固定，随后对折拉链画中点定位，把拉链与插袋料对位、车缝、减去多余边角，得到一件完整的插袋，见图6-4-23。

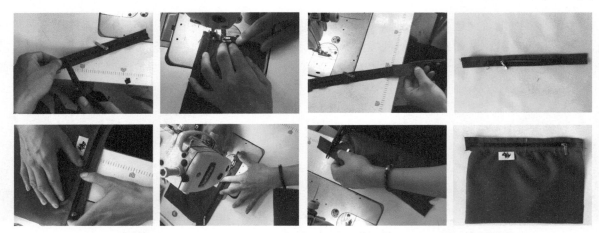

图6-4-23　车后幅拉链插袋

（5）车后幅面料、里料和插袋：将拉链插袋反折并烫平，在后幅里料上定位后将拉链插袋车在里料上，再车上前面做好的后幅内里插袋，完成后幅内里的制作，最后与后幅面料车合、塞入托料、封底，完成一件完整的后幅，见图6-4-24。

图6-4-24　车后幅面料、里料和插袋

（6）车后幅肩带固定件：用三角形面料对折夹车织带，再车"X"线固定织带，并车于后幅定位处，见图6-4-25。

图6-4-25 车后幅肩带固定件

（7）车底部物料、里布、托料：用三角形面料对折夹车织带，再车"X"线固定织带，并车于后幅定位处，见图6-4-26。

图6-4-26 车底部物料、里布、托料

（8）车袋口连侧围物料及袋口链贴物料：将袋口连侧围物料及袋口链贴物料沿边车缝，用熨斗烫平。剪一段长度合适的拉链，车于袋口链贴的内边上，再将这一边与袋口连侧围物料车合，得到整个袋口连侧围部件，见图6-4-27。

（9）车合前幅部件与袋口连侧围部件：将袋口连侧围部件的另一边拉链与前幅部件对位、车缝；在拉链结尾转侧围处做剪口，避免转折和车缝的时候过厚而影响效果；车缝前幅的侧围部分及袋口连侧围部件，见图6-4-28。修剪掉多余边角料和线头，最后将前幅的拉链滚边，得到完整部件，见图6-4-29。

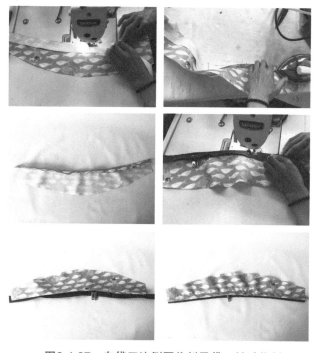

图6-4-27 车袋口连侧围物料及袋口链贴物料

图6-4-28 车合前幅部件与袋口连侧围部件

（10）车合前幅部件与后幅部件：将前幅部件与后幅部件对位、车缝，顶部夹入织带拉手，内部边缘滚边，见图6-4-30。

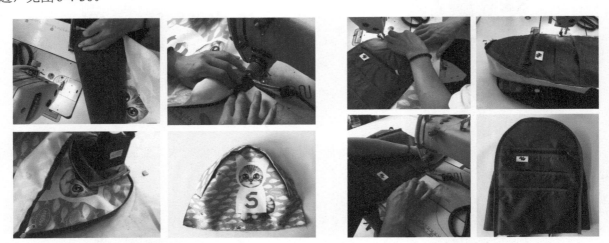

图6-4-29　修正完成前幅连侧围部件　　　　　图6-4-30　车合前幅部件与后幅部件

（11）车袋底：将包身与袋底合车，边缘滚边，翻出包身并整理整齐，完成制作，见图6-4-31。

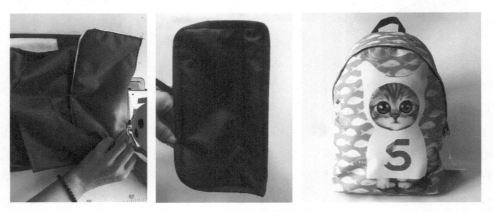

图6-4-31　车袋底完成整包制作

第五节 ▶ PC拉杆箱的制作流程

拉杆硬箱是旅行箱品类中的主要品类，因材质性能不同，其加工技术也不同。拉杆硬箱的材质主要有ABS材质、PC材质、PP材质、EVA材质、PE材质、铝合金以及钛合金材质等。PC材质又名"聚碳酸酯"（Polycarbonate），是一种强韧的热塑性树脂，具有优异的电绝缘性、延伸性、尺寸稳定性及耐化学腐蚀性，较高的强度、耐热性和耐寒性；还具有自熄、阻燃、无毒、可着色等优点。由该材料制作的PC拉杆箱广受消费者欢迎。

PC拉杆箱特点：具高强度及弹性系数、高冲击强度，撞击凹陷可反弹恢复为原型；具备高耐热性，耐压抗压性好、重量轻、易清洁保养且轻便耐用；具高度透明性，可自由染色，更加时尚美观。

一、设计图稿

设计图稿是产品开发制作的主要参照对象，设计人员必须十分熟悉拉杆箱的制作工艺和技术，了解市场上拉杆箱零部件开发情况。在绘制图稿时要将关键细节重点绘制，见图6-5-1。但由于旅行硬箱通常需要开模，其表面的立体效果十分关键，所以如果辅助电脑CAD制作立体建模效果最佳。

图6-5-1　拉杆箱设计图稿

二、开铝模工序

制作PC拉杆箱需要根据设计图稿先开一个模具，用来制作箱壳。制作好的铝模要经过各类使用性和破坏性测试，以确保其正常的功能性，见图6-5-2。铝合金由于其密度只有一般模具钢的36%，重量比较轻；故运动惯性比较低，在生产过程中加减速度均比较容易，能减低机器及模具的损耗。另外，铝合金的机械加工相对容易，尺寸稳定性高。其切削速度比一般模具钢快6倍以上，故大量减低模具加工时间。铝合金的热传导率比一般模具高，故可节省模具在生产时的冷却时间，从而提高模具的生产效率。用铝合金制造的模具具有以下特点。

图6-5-2　拉杆箱铝模跌落、跑步、震荡测试

（1）材质均匀性好：热处理技术卓越，产品在300℃厚度（直径）以下，强度、硬度基本保持一致。

（2）表面精度高，减少材料的浪费。

（3）加工性能好：将化学成分、强度及硬度的偏差降至最小，加工中杜绝粘刀、崩刀现象。

（4）高速机加工，几乎不变形：完美的预拉伸（T651）工艺处理，彻底消除内应力，在加工和受力时不易翘曲、开裂及变形。

（5）材质致密性好：独有的晶粒细化工艺保证，绝无沙孔、横纹、气泡及杂质。

（6）抗高温：在400℃工作环境下不会发生永久变形。

三、抽板工序

抽板工序见图6-5-3。

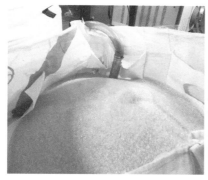

图6-5-3　PC板材抽板工序

1.拌原材料

按比例配比，拌料均匀后装入包装袋，运到挤出机料斗工作台上，添加料时，料斗内存料要在透视口以上，水平面以下。

2.抽板

按数据要求，根据材料性质或名称，依照干燥器上的标准数据设置温度。同时设定各加热系统的温度，根据产品所需要的尺寸，规格剪切板材，逐件检验板材后，按指定位置摆放。

3.贴色膜

需贴色膜的产品，要根据所需尺寸规格选用色膜，用专用杠套固定住色膜，安放在挤出机压辊上方专用支架上，要注意色膜的松紧度及反正面。

四、箱壳成型

箱壳成型见图6-5-4。

图6-5-4　箱壳成型

1.真空成型

按产品选用所需要的模框、模盘、模具和板材，按规定操作安装，按照对应参数加热、吹气、真空、冷却、离型及延连时间调整等，具体数据在操作应用中要根据材料的熔化点指数和成温度霎时调整。通常在正式吸服之前要进行试模。

2.锯箱壳

用半自动修边机，根据产品要求规格锯箱壳，锯完箱壳按指定位置摆放。

3.需冲孔、烫孔的箱壳

按照箱壳标记用专用冲床或专用烫孔工具分别冲孔和烫孔。

五、箱框成型

箱框成型见图6-5-5。

图6-5-5　箱框成型

1. 裁料

根据产品规格所需的尺寸，裁取箱框长度尺寸。

2. 冲孔

首先选择所需冲模，根据产品配件的位置调整对应尺寸。按装在冲孔机上，冲孔后放在指定的货架上。

3. 折弯成型

根据箱框形状分别采用手动、自动折弯机，折弯前要按箱壳调整对应弧度。箱框检验合格后进行喷涂。

4. 连接箱框

箱框喷涂后，按箱壳所需数据用订书机连接，按指定位置摆放。

六、箱壳里布成型

1. 箱里裁料

根据样板及数据，用电剪子和专用刀具裁料，裁好的料摆放在指定位置。按净样要求点位，需净边的用专用工具或剪子净边。

2. 箱里缝制

用电动缝纫机，缝制完成后摆放在指定位置。

3. 箱里安铆

箱子根据样板或要求的数据，用专用工具安铆对应的配件，完成后放在指定的位置，待检验。

4. 箱里整理验收

整理验收人员逐件检验，检验后摆放在指定位置。

七、组装成型

组装成型见图6-5-6。

图6-5-6　组装成型

1. 安铆泡钉

用铆钉机和规定的铆钉及垫圈，在箱壳对应的位置上安铆。

2. 安铆箱轮、包角

用专用风钻在箱壳指定位置上钻孔，根据箱轮、包角的不同，分别用气动拉铆枪或铆钉机和规定的铆钉操作安铆。

3. 安铆标牌

先用专用烙铁和专用铆钉机在箱面对应位置上烫孔或冲孔，然后把标牌固定在箱壳上。

4. 安铆拉杆

用风钻在箱壳对应的拉杆位置钻孔，用拉铆枪或风动螺丝刀和规定的铆钉、螺丝垫圈，把拉杆固定在箱壳上。

5.黏箱壳里布

黏合箱壳里布时用毛刷或专用喷胶工具，刷或喷在箱壳里面，待能黏合后粘贴对应的箱里布，用专用工具净去多余布边。

6.安铆箱框

按要求将箱框固定在对应的位置上，用液压压口机或订书机固定箱框。

7.黏压条

用毛刷把胶刷在压条反面的箱壳对应位置上，待能黏合后把压条和箱壳粘在一起。

8.安铆拢带

用冲床在规定位置上冲孔，用拉铆枪和规定的铆钉、带夹片固定。

9.安装箱嵌条

安装前将镶嵌条经烘箱烘烤（烘箱温度100～150℃）用专用工具安装在箱框的对应位置。

10.安铆锁件

用铆钉机和专用风动螺丝刀及规定的铆钉、螺丝和垫圈，安铆在箱框对应锁孔位置上。

11.安装提把

用专用风动螺丝刀，把规定的螺丝、垫圈固定在箱框对应的位置上。

12.安铆边扣

用风钻在箱框的规定位置钻孔，用拉铆枪把规定的抽芯钉固定在箱框上。

13.安铆锁钩及衣架座根据锁孔位置

调整冲孔模具尺寸，用冲孔机冲孔，用铆钉机和规定的铆钉，把锁钩固定在上框上。

14.安铆合页

用冲床在箱框下框规定位置上冲孔，用铆钉机和规定的铆钉、垫圈固定。箱体扣合以后用风钻在箱框上框对应位置钻孔，用拉铆枪和规定的抽芯钉固定。

15.黏合后背

用专用热熔枪在后背两长边上打胶并黏合在箱体对应位置上。

八、整理验收

整理验收见图6-5-7。

图6-5-7　整理验收

1.整理

用木陲整理箱框，用塞尺检验调整底盖间隙，使各部配件配合适当，安装牢固。

2.检验

验收按成品检验指导书逐项检查，合格后按需要放人衣架说明书、保修卡、钥匙，最后把合格证按需要挂在中把或侧把上。

九、包装

包装见图6-5-8。

图6-5-8　包装

包装前粘贴标志，包装时用规定的塑料包装袋，且中把处要开口，刀口处用胶带纸封口。然后按规定装箱，装箱后用胶带纸封口，在封口的垂直面上，用半自动化捆扎机捆扎。在外包装纸箱上用毛笔注明货号、规格、颜色、数量、生产日期等，同时按要求摆放在指定位置。

第六章　箱包制版及制作流程
CHAPTER 6　157

参考文献

[1] 李春晓. 时尚包袋设计 [M]. 上海：上海人民美术出版社，2013.

[2] 李春晓. PHOTOSHOP&ILLUSTRATOR 服装与服饰品设计 [M]. 北京：化学工业出版社，2016.

[3] 王立新. 箱包设计与制作工艺（第二版）[M]. 北京：中国轻工业出版社，2014.

[4] 陈莹，李春晓，梁雪. 艺术设计创造性思维训练 [M]. 北京：中国纺织出版社，2010.

[5]（法）威登，（法）雷昂福特，（法）普贾雷‑普拉. 路易威登的100个创奇箱包 [M]. 王露露，罗超译. 上海：上海书店出版社，2010.

[6] 李雪梅. 现代箱包设计 [M]. 重庆：西南师范大学出版社，2010.

[7] 刘霞. 箱包的设计开发及其管理 [M]. 北京：中国轻工业出版社. 2009.

[8] 宿宁. 环球奢侈品丛书——皮具 [M]. 长春：吉林人民出版社，2009.

[9] 姜沃飞. 包袋制作工艺 [M]. 广州：华南理工大学出版社，2009.

[10] 苟宏. 皮具制造经营管理与品质控制 [M]. 北京：海天出版社，2005.

说明：箱包制作流程部分的图片是作者在征得制作工厂同意后实地拍摄或由工厂提供。